1. 大田养殖　　　　4. 架式多层养殖

2. 大田养殖　　　　5. 简易棚舍养殖

3. 工厂化养殖　　　6. 连栋大棚养殖

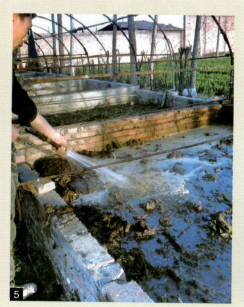

1. 林下养殖
2. 林下养殖
3. 林下养殖
4. 猪粪养蚯蚓
5. 蚯蚓池养
6. 猪舍间池养

1. 养殖床喷水系统　　　　4. 养蚯蚓好原料——菌渣

2. 养殖床喷水系统　　　　5. 养蚯蚓好原料——牛粪

3. 养殖床喷水系统　　　　6. 蚯蚓饲料无害化处理车间

1. 蚯蚓收集——去除杂质
2. 蚯蚓收集——去除杂质
3. 清洗后的蚯蚓
4. 加工好的蚯蚓粪
5. 蚯蚓粪筛选设备

蚯蚓

养殖实用技术

QIUYIN YANGZHI SHIYONG JISHU

孙振钧　编著

中国科学技术出版社

·北　京·

图书在版编目（CIP）数据

蚯蚓养殖实用技术 / 孙振钧编著 . —北京：
中国科学技术出版社，2018.1
ISBN 978-7-5046-7836-2

I.①蚯… II.①孙… III.①蚯蚓—饲养管理
IV.① S899.8

中国版本图书馆 CIP 数据核字（2017）第 288945 号

策划编辑	王绍昱	
责任编辑	王绍昱	
装帧设计	中文天地	
责任校对	焦　宁	
责任印制	徐　飞	

出　　版	中国科学技术出版社	
发　　行	中国科学技术出版社发行部	
地　　址	北京市海淀区中关村南大街16号	
邮　　编	100081	
发行电话	010-62173865	
传　　真	010-62173081	
网　　址	http://www.cspbooks.com.cn	

开　　本	889mm×1194mm　1/32	
字　　数	76千字	
印　　张	4.375	
彩　　页	4	
版　　次	2018年1月第1版	
印　　次	2018年1月第1次印刷	
印　　刷	北京威远印刷有限公司	
书　　号	ISBN 978-7-5046-7836-2 / S·705	
定　　价	20.00元	

Contents 目 录

第一章
蚯蚓养殖概述

一、蚯蚓养殖发展前景

第一，利用蚯蚓处理有机废物是一项古老而又年轻的生物技术。

农业废弃物（畜禽粪便和作物秸秆）及生活垃圾的资源化利用对改善生态环境、促进农业的可持续发展有现实和深远的意义。目前国内处理方法多以堆肥等方法为主，但占地面积大，用工多，而且不能有效地利用生物有机能源和营养物质生产高质量的有机肥，容易产生二次污染。利用蚯蚓的生命活动来处理易腐有机废物是一项古老而又年轻的生物技术。经过发酵有机废物，通过蚯蚓的消化系统，在蛋白酶、脂肪分解酶、纤维酶、淀粉酶的作用下，能迅速分解、转化，成为自身或其他生物易于利用的营养物质，即利用蚯蚓处理有机废物，既可生产优良的动物蛋白质，又可生产肥沃的复合有机肥。这项工艺简便、费用低廉，不与动植物争食、争场地，能获得优质有机肥料和高级蛋白质饲料，对环境不

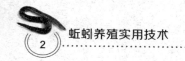
产生二次污染。因而这称项古老技术获得了新生。

近 20 年来，各国对蚯蚓研究和利用在更大范围内进行，集生物工程学、营养学、土壤学、化学、生态学等多学科知识，交叉应用；对蚯蚓系列产品做了不同程度的研究开发，如蚯蚓复合氨基酸药肥、复合氨基酸螯合物饲料添加剂等高科技产品。利用蚯蚓的生物学特性，在养殖蚯蚓时通过在饵料剂中添加某些特殊物质，可生产某营养元素强化的蚯蚓生物制剂，例如高钙或富硒产品。既提高有机废物的处理效率，又提高了蚯蚓的利用价值（高值化产品）。这些安全、无毒、无公害、无污染的蚯蚓产品可用于有机动植物生产。在化学农业的延伸日益受到限制，有机食品将成为未来国际市场竞争中攻守相宜的利器之时，蚯蚓系列农用生化产品的研究开发，无疑有其自身价值和深远意义，也必将极大地促进我国绿色有机农业的发展。

第二，小蚯蚓可以做成大产业。

利用人工养殖蚯蚓，规模化处理日益增多的各种有机废弃物，生产蚯蚓及蚯蚓产品，在国外已经形成一个很大的产业（国外的行业分类上称为 Vermiculture），美国现在有蚯蚓养殖场及从事蚯蚓产品的贸易公司 9 万多家。1996 年，仅加利福尼亚州圣何塞市一个名叫杰克·钱伯的蚯蚓养殖场，一年就出售了 4 000 千克蚯蚓，用于垃圾的处理，其蚯蚓的价格为每千克 10 美元。由于每吃掉 1 吨垃圾可得到 600 千克的生物腐殖土（蚓粪）。用蚓粪为肥料生产出来的作物制成食品可确保无化肥带来的污染，因此蚯蚓养殖业的发展日益受到欢迎。美国1998年的蚯蚓及蚯蚓产品的贸易额达680亿美元。日本、巴西、法国、印度等国的蚯蚓行业也发展迅速。据不完全统计，我国现有大小蚯蚓场超过500家。小蚯蚓正在发展成为一个大产业。

第三，抓住新一轮蚯蚓高科技产品产业化机遇，培育龙头企业，致富一方农民

我国的蚯蚓人工养殖开始于20世纪80年代初，当时主要是炒作从日本引进的"大平2号"蚯蚓种，除了简单地用作畜禽饲料外，在蚯蚓的深层开发利用上没有好办法。大量的蚯蚓卖不出去。1984年底，95%的蚯蚓养殖场（户）倒闭，极大地挫伤了养殖户的积极性。20世纪90年代以来，随着蚯蚓高科技产品的研发与产业化，尤其是蚓激酶的发现和蚓激酶医药产品在治疗心脑血管病上的广泛应用，促使蚯蚓养殖再次兴起。近几年，随着国内外对蚯蚓的营养、药用和它本身一些特殊功能的深入研究，一批高科技的蚯蚓产品相继问世，如中国农业大学研制的蚯蚓系列农用生化产品。这些高科技含量的蚯蚓生物产品的面世促进了蚯蚓养殖业的迅速发展。应抓住新一轮蚯蚓高科技产品产业化发展的机遇，带动一批高水平生物技术企业上档次、上规模，形成新型产业开发中的新龙头，并辐射带动一方农民脱贫致富。2003年在北京召开的首届亚太地区蚯蚓学术会议促进了现代生物技术和生态技术在蚯蚓应用开发研究中的应用，通过蚯蚓应用技术的研究开发，催生了蚯蚓在环境保护

和污染、脆弱生态重建中应用的新领域。当前，有机农业的快速发展、农业部有机肥替代化肥行动的启动、规模化养殖场粪污资源化处理的巨大需要，为蚯蚓技术和产品的进一步发掘提供了机遇。2018年6月，第11届国际蚯蚓生态学术研讨会暨第一届世界蚯蚓大会将在中国上海召开，大会将通过国内外专家和企业的集思广益，成立由世界不同国家组成的世界蚯蚓产业联盟，这必将极大推动世界蚯蚓产业的大发展。

第四，以"蚯蚓生态链"为核心，创立生态农业新模式，改善生态环境，符合各地发展"绿色经济"的战备目标。

蚯蚓养殖在生态农业、环境保护和促进自然物质良性循环与人工生态产业有机结合具有独特作用。尤其南方的气候特点为蚯蚓的高产养殖提供了优越的自然条件。蚯蚓氨基酸营养液、叶面肥和生物药肥等产品不仅为发展绿色有机食品生产提供了肥料和生物农药，而且形成了高效的"农业废弃物—蚯蚓—蚯蚓生物制剂—植（动）物生产"生态循环链模式。利用蚯蚓在生态循环农业中的这种接口与增效作用创立的生态农业新模式，达到了变废为宝，保护生态环境的目的，使农牧生产过程中的废弃物转变成有用的农业生产资料，生产出的蚯蚓有机肥和有机生物药肥恰好解决了绿色有机食品生产中对高效有机肥和高效生物药肥的需求。各地以"企业加农户"的形式推广这种模式，涌现出了不少带动当地农民致富，促进具有特色的绿色有机食品的发展典型实例。

二、蚯蚓的作用与价值

蚯蚓在我国俗称曲蟮，又名地龙。肥沃的土壤中一般蚯蚓都较多。黄福珍于 20 世纪 80 年代分析了不同土壤类型中蚯蚓粪与原土的养分差异（表 1-1）。蚯蚓喜食腐败的有机废弃物，能利用、分解、转化有机废弃物成为优质的生物有机肥，有机废弃物通过蚯蚓的消化系统，在蚯蚓肠道中的蛋白酶、脂肪分解酶、纤维酶、淀粉酶的作用下，转化成为自身或其他生物易于利用的活性营养物质，同时产生动物蛋白质和氨基酸，对环境不产生二次污染。蚯蚓体富含多种氨基酸和酶类，有很高的经济价值和药用价值，蚯蚓在环保、饲料、肥料、医药、保健品、化妆品等方面的深入开发和应用，使国内外对蚯蚓的关注与日俱增。

表 1-1　蚓粪与原土养分含量比较　（据黄福珍）

测定物	养分种类	腐殖质（％）	全氮（％）	全磷（％）	水解氮（毫克/千克）	速效磷（毫克/千克）	速效钾（毫克/千克）	代换量（毫克当量/100 克）
农田	原土	1.40	0.076	0.165	33.0	25.8	61.0	13.2
	蚓粪	1.91	0.105	0.177	61.5	31.0	80.4	16.6
菜园	原土	1.57	0.081	0.240	42.8	31.5	124.0	7.5
	蚓粪	2.32	0.144	0.248	74.7	46.3	148.0	15.3
林地	原土	1.34	0.056	—	40.1	29.9	318.0	12.0
	蚓粪	3.43	0.184	—	82.3	50.2	431.3	17.1

近年来，许多国家都掀起了一个开发蚯蚓的热潮，尤其蚯蚓自动机械化高产养殖技术、蚯蚓生物反应器等的进一步改进，以及蚯蚓体、蚯蚓粪应用的深入研究，更加促进了蚯蚓养殖业的发展与蚯蚓在环保、循环农业上的应用。美国、加拿大、日本等国都在大力发展蚯蚓养殖业，目前已发展为工厂化养殖和商品化生产。我国蚯蚓已部分出口，一些企业在蚯蚓氨基酸肥料、氨基酸饲料、蚯蚓酶肽类药物、化妆品的开发上已处于国际先进水平，但我国新时期新技术下的蚯蚓养殖才刚刚起步，随着我国现代生物技术和生态学发展的巨大进步，用蚯蚓开发的新产品接连不断，蚯蚓产品在国内市场经常处于货缺价扬的局面。

（一）促进农业生态系统物质循环

通过几年的试验示范证明，饲养蚯蚓，对于保护生态环境、提供优质有机肥、发展优质高效有机农业、增加农民收入具有较好的效果，是促进农业可持续发展的有效途径。

1. 解决农业废弃物，保护生态环境 由于我国耕地复种指数高，农作物茬口紧，庄稼收获后大量的秸秆急需处理。近几年，不少地方秸秆过剩，堆在田间、地头、村口，秸秆处理成为一大难题。机械化还田效果不错，但成本增加，有些秸秆当季不能腐熟，成为病虫害沿袭的寄主，带来下茬危害。生物腐熟处理技术成本也较高，操作麻烦，不宜大面积普及推广。因此，每到农作物收获季节，焚烧秸秆现象屡屡发生，造成有机肥资源没有充分利用和环境污染。

我国各省（自治区）城镇居民人口急剧增多，社会经济的快速发展，人民生活水平的大幅度提高，广大人民群众对肉、禽、蛋、奶及其他畜产制品消费的日渐增长，促进了畜牧业的生产和发展。由此，在畜禽饲养及活体加工过程中产生的大量排泄物和废弃物密集排出，对人类和其他生物，包括畜禽自身生活环境的污染问题就愈来愈突出，已到了不容忽视的地步。控制和降低畜牧污染已成为畜牧业生产、环境保护、卫生防疫等部门面临的共同问题。通过饲养蚯蚓，可以有效解决以上问题，良种蚯蚓的特点是：食量大、生长快、繁殖率高，蚯蚓可有效地原位消耗农田上的秸秆，消除了焚烧秸秆带来的环境污染问题。

2. 提供优质有机肥源，促进优质、有机农业发展　通过饲养蚯蚓，1 亩（667 米^2）秸秆可产蚯蚓粪 400 千克，蚯蚓粪颗粒均匀、无臭无味、不招引蝇虫，是上好的有机肥料，蚯蚓粪不但氮、磷、钾含量丰富，而且含有多种微量元素、有益微生物和酶类。此外，据多年来国内外科研结果表明，蚯蚓可消除农药残留和土传病害，人称土地净化器，因此，饲养蚯蚓，对于发展优质、有机农业可起到较好作用。

3. 增加农民收入　饲养蚯蚓操作简便、费用少，农民易于接受，一般 1 亩秸秆可产蚯蚓 15 千克和 400 千克蚯蚓粪，放养蚯蚓每亩处理秸秆只需要种苗数十元，仅商品蚯蚓粪一项收入就达上百元，所产蚯蚓可作为饲料饲养畜禽、水产。

4. 促进农业可持续发展　通过饲养蚯蚓，可使秸秆、畜禽粪便变成蚯蚓和有机肥，有机肥又投入农业生产的良性循环，可有效促进农业的可持续发展。蚯蚓作为重要的蛋白质原料，不仅可以入药，提取有益的活性蛋白，有些蚯蚓还可做餐桌上的美味佳肴。此外，蚯蚓的深度开发还有很多发展，前景十分看好。

（二）蚯蚓的其他用途

1. 药用　除了蚓激酶已广泛应用之外，利用蚯蚓提取物可开发抗癌药物，利用"蚯蚓酶"生产降血脂、降血糖制剂。加上地龙糖浆、地龙酒、地龙接骨丹等传统产品，地龙可治疗四十多种疾病，被誉为是人类的"大救星"。

2. 化妆品　蚯蚓富含 SOD（超氧化物歧化酶）。既可以用于生产化妆品，又可以生产蚯蚓 SOD 食品，深受欢迎。

3. 蛋白饲料　蚯蚓含粗蛋白质 65%～70%，是畜禽兽的蛋白饲料，可用来喂鸡、鸭类、牛蛙、甲鱼、珍禽等。特别是在我国的特禽和名贵种类的水产养殖中已广泛应用。

4. 处理城乡生活垃圾，化废为肥　世界各国都在开展利用蚯蚓处理生活垃圾解决环环境污染问题。用蚯蚓处理垃圾的方法在日本、美国、德国等发达国家极为盛行。2000 年悉尼奥运会奥运村的生活垃圾处理就是靠160 万条蚯蚓完成的。

5. 蚯蚓粪的利用　蚯蚓粪是优质有机肥料可以栽种各种蔬菜和花卉，美化城市，并可作为草坪肥料。蚯蚓粪具有明显的改良土壤作用，尤其是改善土壤的理化性质。有人试验过，养殖蚯蚓的劣质地块，3 年后能变为高产农田。

6. 食品　国外有人利用蚯蚓生产蛋糕、面包，美国纽约州的摊贩生产蚯蚓煎包蛋生意兴旺；我国台湾基隆市有一酒家开发出地龙名菜；浙江、四川等地有人开发的蚯蚓菜肴，凡品尝过的人都说味道鲜美。自 2009 年12 月地龙蛋白（不含蚓激酶）被卫生部列为新资源食品以来，已经开发有蚯蚓蛋白粉、蚯蚓蛋白含片、蚯蚓蛋白口服液、蚯蚓饼干等多种蚯蚓功能食品，用于高血压、高血糖、高血脂人群的绿色治疗或预防。随着国家"健康中国 2030 规划纲要"的出台，蚯蚓功能食品将为我国的全民大健康做出它应有的贡献。

三、蚯蚓养殖简史

（一）国外蚯蚓养殖史

规模化的蚯蚓养殖源于日本"大平 2 号"蚯蚓品种的选育成功，为全世界蚯蚓养殖业的兴起打下了基础。日本水产厅濑户内海栽培渔业中心主任、研究员前田古颜，收集世界各地的蚯蚓，经过 2 000 次的杂交试验，于 1975 年选育出适于人工养殖的"大平 2 号"蚯蚓，改良后的蚯蚓体长从 5～6 厘米增至 15 厘米，能繁殖几千倍（通常野外蚯蚓种只有 200～300 倍），寿命约 3 年，而自然生长的蚯蚓平均繁殖率为 50～150 倍，寿命为 8 个月到 1 年半。1977 年，日本静冈县成立蚯蚓繁殖协会，在 1978 年建成 1.65 万米^2 的蚯蚓工厂，每月可处理有机废料 3 000 吨，日本全国还增设 7 个蚯蚓工厂，生产蚯蚓饲料添加剂，以满足人工养殖蚯蚓的需要。日本兵库县蚯蚓工厂养殖 10 亿条蚯蚓，每年可处理食品厂、纤维加工厂 6 万吨污泥。日本北海道蚯蚓养殖公司曾向我国天津出口 50 万条"北星 2 号"蚯蚓。日本造纸工业企业曾向美国订购 125 吨蚯蚓，利用蚯蚓处理造纸厂废渣，化废为肥，当年收回购买蚯蚓的投资。日本东京农业大学从事于蚯蚓改良土壤的研究。松本卢义、拓植利九等从事于蚯蚓粪粒的研究。日本的蚯蚓工厂达 200 多家，从事于蚯蚓养殖的人数达 2 000 余人，设有全国蚯蚓协会。

美国、澳大利亚、加拿大、印度、缅甸、菲律宾、新加坡等国养殖蚯蚓的规模都较大，有的国家已发展到工厂化养殖和商品化生产。日本有大小蚯蚓养殖工厂或公司 200 多家，其中以九州和北海道最为发达，在兵库县有一个大型蚯蚓养殖场，养殖数量达十亿条以上。而且在饲料配合中普遍含有蚯蚓粉作为动物性蛋白质的重要来源。缅甸为了推广人工养殖蚯蚓，1979 年上半年在仰光举办了一个人工养殖蚯蚓的展览会。此外菲律宾、新加坡、马来西亚、印度等国也在发展蚯蚓人工养殖业，这已成为一项全球性的事业。每年国际上蚯蚓交易额达10亿美元，并每年以30%～40%的速度增长。

（二）国内蚯蚓养殖史

我国在20世纪70年代末，上海市从日本引进红蚯蚓"大平2号"、天津市从日本引进红蚯蚓"北星2号"。后来，安徽省农科所、广西桂林的省农科所也相继从日本引进蚯蚓。北京、吉林、江苏、浙江、河北、山东、福建、广东、湖南、湖北、云南、四川、江西等地也相继开展了人工养殖蚯蚓的研究，形成了我国第一次养殖蚯蚓热。当时搞得较好的有天津市，1979年5月份从日本引进"北星2号"蚯蚓50万条，繁殖速度很快，1年多时间就为全国各地提供了人工养殖蚯蚓的蚓种，并利用蚯蚓作为蛋白质饲料。吉林省生物研究所1979年7月份开展人工养殖蚯蚓试验，养殖10 000条长春蚯蚓，经过进行蚯蚓分类，从中筛选良种。中国农业科学院土壤肥料研究所养殖德州蚯蚓、北京环毛蚓和爱胜蚓，利用蚯蚓造肥和改土处理城市有机废弃物试验。上海水产研究所与上海自然博物馆和海安县饲料公司协作养殖爱胜蚓和环毛蚓初步获得成功，利用蚯蚓喂家畜家禽，获得良好效果；上海金山县科委引进"大平2号"蚯蚓，安排了22个养殖蚯蚓试验点，凡是冬季保温条件好的单位，蚯蚓都能大量繁殖，1980年在全县扩大试验。江苏镇江市乳品厂也从上海引进日本"大平2号"，并培养了本地适应性强的品种——背暗异唇蚓、赤子爱胜蚓、湖北环毛蚓、威廉环毛蚓。西北水土保持生物研究所研究人员进行了蚯蚓对土壤肥力和土壤结构影响的研究，结果表明，蚯蚓的活动能加速土壤结构的形成，促进土壤有机质的转化，提高土壤微生物活性，提高土壤肥力和农作物的产量。因此，利用蚯蚓可以改良土壤。

我国台湾省气候暖和，雨水充沛，适于蚯蚓的繁殖，蚯蚓资源十分丰富，人工养殖蚯蚓工厂有 30 多家。日本、美国、新加坡、马来西亚都向台湾订购蚯蚓，每吨活蚓价格在 1 万美元。台湾大学和中兴大学合作利用蚯蚓改良梯田试验并用蚯蚓喂鸭和青蛙试验。台湾彰化红蚯蚓养殖专家钟信男利用红蚯蚓处理垃圾，生产有机肥料，解决城市垃圾环境污染问题。

湖北省黄梅县人工养殖红蚯蚓和青蚯蚓也获得成功，并进行了冬繁试验。北京市教育学院开展了北京郊区蚯蚓的调查工作，发现北京地区的蚯蚓种类繁多，主要的品种有十多种。广西壮族自治区从天津引进"北星 2 号"种蚓，繁殖了数十万条，在全自治区试验推广。江西省农科院土壤肥料研究所从日本农机公司引进"大平 2 号"种蚓，探索利用蚯蚓改良土壤的试验。

我国蚯蚓养殖起步并不晚。并且一开始发展就受到极为重视。1980 年，由农业部、粮食部等单位在上海召开全国人工养殖蚯蚓经验交流会。一时全国有 27 个省、直辖市、自治区 200 多个单位引种养殖。由于养殖技术，尤其是适合中国国情的高产养殖技术及配套的综合利用技术不成熟。养殖周期长，采收加工利用麻烦，经济效益不高。到1984年，所有省的养殖场几乎都下马。20世纪80年代初的第一次"蚯蚓养殖热"，主要"热"于炒种，缺乏有效的利用方法和高产的养殖技术，众多的养殖户养出的蚯蚓没有销路，造成倒闭与破产。严重地影响了农民养殖蚯蚓的积极性。这些年来，由于蚯蚓药用产品的开发及蚯蚓在生态农业中的广泛应用和规模化高产养殖技术的成熟，又重新唤起了新一轮的蚯蚓养殖热。利用蚯蚓处理有机废弃物（包括生活垃圾）是废弃物资源化的有效途径，也是环保产业的一个新热点，但是应该健康持续地发展。

近年来，世界各国因畜、禽和水产养殖业发展很快，对于动物性蛋白质的需求也越来越大，目前有不少国家着手利用养殖蚯蚓把纤维素类的有机废弃物转化为动物类的蛋白质饲料来源的研究。有的国家在这方面做了不少工作，进展很快。蚯蚓含有很高的蛋白质，按干物质计蛋白质的含量可以高达71%，一般风干蚯蚓的粗蛋白含量为41.6%～66%。蚯蚓不仅蛋白质含量高，而且蛋白质质量高，氨基酸种类齐全、比例适宜，一些畜、禽和鱼类生长发育所必需的氨基酸含量高，其中含量最高的是亮氨酸，其次是精氨酸和赖氨酸。蚯蚓蛋白质中精氨酸的含量为花生蛋白的2倍，是鱼蛋白的3倍；色氨酸的含量则为动物血粉蛋白的4倍，为牛肝的7倍。

不仅蚯蚓体含有大量的蛋白质，蚯蚓排泄的粪粒也含有一定量蛋白质，日本食品分析中心曾对蚯蚓粪进行过分析，在含水量 11% 左右的时候，蚓粪内所含的全氮约 3.6%，以此换算粗蛋白为 22.5%。因此蚯蚓与蚓粪均可供畜、禽和鱼类食用。

用蚯蚓喂养的猪、鸡、鸭和鱼，长得快，味道又鲜美，主要原因是蚯蚓蛋白质质量高，而且容易被畜、禽和鱼消化与吸收，而且适口性好。畜禽和鱼类均喜欢吃混有新鲜蚯蚓的饲料，混合的用量要根据畜禽和鱼种类以及个体的大小而定，以占饲料总重量的 5% 左右较好，但有时可多达 40%～50%。用这种混合饲料喂养幼小的畜禽或鱼苗，效果特别好，动物吃了蚯蚓以后生长快，色泽光洁，发育健壮，不患病或少患病，还减少死亡。据报道：每头猪每天喂以 0.1～0.2 千克蚯蚓（按猪的大小而定），每天可增重 0.25～0.5 千克；而不喂蚯蚓的猪，每天只能增重 0.15～0.35 千克。用蚯蚓喂蛋鸭，可使鸭每天都产蛋，不间歇，并且平均蛋重比原来的增加 10 克以上。

第二章
蚯蚓生物学特征特性

一、蚯蚓品种

蚯蚓在分类上属于环节动物门、寡毛纲。目前全世界已记录的蚯蚓种数已超过 3 000 种，我国有 320 多种。种是野生的，自然形成的。生物学上的种和生产中说的品种是有区别的。这里说的蚯蚓品种是指通过自然或人工选择可用于人工养殖的蚯蚓种。据统计，用于人工规模化养殖的蚯蚓种类只有 14 种，在蚯蚓养殖过程中，最常规选择的蚯蚓是赤子爱胜蚓（*Esenia fetida*），"大平 2 号"是其商品名，它属于正蚓科、爱胜蚓属，20 世纪 70 年代末我国从日本引进的"大平 2 号"蚯蚓是人工养殖品种中的优良品种，体长 35～130 毫米，体宽 3～5 毫米，成蚓体重 0.45～1.12 克，身体呈圆柱形。体色多样，一般为紫色、红色、暗淡色或淡红褐色（图 2-1）。外观有明显条纹，体扁而尾略成鹰嘴钩。老龄体尾部则由红色变为黄色，愈老愈深。在适宜的条件下，蚯蚓每 3 天产 1 枚卵茧，可孵化幼蚓 2～6 条，经过 50～60 天，达到性成熟，蚯蚓密度

图 2-1　蚯蚓品种"大平 2 号"

最高可达每平方米 3 万～5 万条，每条蚯蚓在合适的条件下每天采食量与其体重相当，甚至是其体重的数倍。蚯蚓喜在厩肥、烂草堆、污泥、垃圾场生活，具有趋肥性强、繁殖率高、定居性好的特性。蚯蚓肉质肥厚、营养价值高，但其土腥味和分泌物的特殊气味影响了蚯蚓在食品上的应用。

我国有人从赤子爱胜蚓种群中选育培养和改良了爱胜蚓属的蚯蚓，其商品名有：北星二号、进农 6 号、太湖红蚓、北京条纹蚓、川蚓一号等，但推广应用面积不大，目前"大平 2 号"仍然是规模化蚯蚓养殖的当家品种。与野生的赤子爱胜蚓种相比，选育的"大平 2 号"蚯蚓为高产蚯蚓良种，成熟的蚯蚓深红色，体扁平，行动缓慢，性情温顺，群居性好，特别适合高密度养殖，喜欢生活在腐熟的猪牛粪便中，蚓体干物质含蛋白质 70%，粗脂肪 8.5%，粗纤维 1.7%，无氮浸出物 19.4%，粗灰分 9.5%，钙 1.6%，磷 1.24%，相当于进口鱼粉的营养价值。"大平 2 号"蚯蚓的繁殖率之高、量之高是本地蚯蚓无法可比的，据试验：在一般的养殖技术条件下，一次性放养种蚓 500 条，年可繁殖 75 万条以上，繁殖比 1∶1 500，即增殖倍数为

1 500 倍。如果在优化的养殖条件下，增殖倍数可以达到 2 000～3 000 倍。

　　另外一个重要的蚯蚓种为广地龙。《中国药典》上的地龙指的是钜蚓科的参环毛蚓 *Pheretima asperfillm*（E. Perrier）、威廉环毛蚓 *Pheretima guillelmi*（Michaelsen）、通俗环毛蚓 *Pheretima vulgaris* Chen、栉盲环毛蚓 *Pheretima pertinifera* Michaelsen 四种野生蚯蚓的全体。前一种药材习称"广地龙"，后三种药材习称"泸地龙"。统称为药用地龙（图 2-2）。

图 2-2　地龙

　　地龙具有通经活络、活血化瘀、预防治疗心脑血管疾病等作用，《本草纲目》中记载了其 40 多种药用作用。地龙可以生产多种中药、西药，也可以作为各种家禽、家畜、渔业水产品、水族宠物食品、动物性活食饵料、饲料添剂诱食剂。干地龙可以作为各种鱼类、水产品高档开口饵料。鲜地龙是高蛋白活饵料。各种畜禽常喂地龙可改善肉蛋奶品质，冻干地龙是高营养水产品漂浮饵料。地龙具有利尿、镇痛、平喘、降压、解热、抗惊厥等作用。地龙含有地龙素、地龙解热素、B 族维生素复合体等成分，还可以提取蛋白酶、蚓激酶、蚯蚓纤溶酶等生物药品。

传统中药中的广地龙，动物学称之为参环毛蚓，学名为 *Pheretima asperfillm*（E.Perrier），一般栖息在潮湿的泥土中，深度 10～20 厘米。蚯蚓喜湿，喜安静，怕光，怕盐，怕单宁味。再生能力较强，当受伤被切断之后，能够生出新的组织代替丢失的部分，当气温低于 5℃时，钻入土中冬眠。杂食性，食性广泛，凡无毒的各种植物茎叶、家畜粪便及有机垃圾等均可作饲料用。蚯蚓为雌雄同体动物，异体交配，交配后约 1 星期产卵，产卵于茧内，每茧内含受精卵 3～4 个，经 2 个月左右孵出幼蚓。参环毛蚓主要分布于我国福建、广东、广西、海南、台湾、香港、澳门等地。目前尚不能完全大面积人工养殖。

二、蚯蚓形态特征

蚯蚓属于无脊椎动物中的环节动物。身体结构不复杂。从本质上说，蚯蚓就是一条被充满液体的体腔包被的消化管，外面是皮肤。

蚯蚓的身体是由 200 到 400 个肌肉环（体节）组成的，这些肌肉能够帮助它像液压钻头一样穿过土壤，完成其消化过程。

在蚯蚓身体的最前端是口前叶，它包被着口腔，用来压迫土壤挖掘洞穴。它的脑正处于口前叶后边咽之前。蚯蚓的脑好像并不十分重要，因为大脑切除后只会导致蚯蚓很小的行为变化。

蚯蚓的前端上部和背面有很多感受光的细胞。光在蚯蚓养殖与管理中是很有用的，可以用在养殖箱上避免蚯蚓夜间逃逸。

我国最常见的蚯蚓是巨蚓科的环毛蚓属（*Pheretima*），其主要特征是身体呈长圆柱形，常见种长达20厘米左右，由多数环节组成，每节环生数十至百余条刚毛。生殖带环状，生于第14～16节。有雄性生殖孔1对，在第18节上；有雌性生殖孔1个，在第14节上；受精囊孔3对。没有大肾管，有多数小肾管。

三、蚯蚓内部结构

（一）消化系统

蚯蚓是通过吞食土壤和有机质来构建洞穴的。如果它穿过的物质太大太硬就会难于吞食。小的颗粒经过口腔和咽，沿着消化道自前向后运动，在食道部位附有含钙腺。钙腺能分泌碳酸钙用来降低饲料的酸度，集中于蚯蚓嗉囊中的食物受碳酸钙、酶和细菌的溶解，为在砂囊中的进一步处理做准备。砂囊由强有力的肌肉所组成，

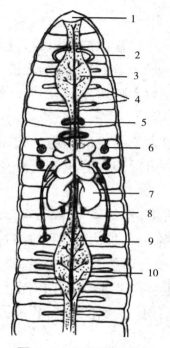

图 2-3　蚯蚓体解剖图

1. 口　2. 神经节　3. 食道　4. 肾
5. 心脏　6. 受精囊　7. 贮精囊
8. 输卵管　9. 嗉囊　10. 砂囊

其中的消化液、小石头颗粒和矿物颗粒共同作用把它磨至能够适于通过肠道消化的小颗粒食物经过肠道壁的吸收进入毛细血管，蛋白质和糖类被分配到体细胞而一些废弃物以黏性液体的形式排到体表，使蚯蚓在穿过土壤时能够保持润滑。

未经消化的较大食物颗粒经过肠道到达肛门以含氮废物的形式排出体外。蚯蚓体的解剖图见图 2-3。

从取食到排泄，整个的过程需要 24 小时。随着蚯蚓的排泄物一起被排出蚯蚓的消化系统的微生物会在土壤中继续进行消化过程，其中的一些物质会在蚯蚓穿过土壤时重新被蚯蚓吞食。

由于土壤中细菌的活动使食物腐烂，这个预消化作用有助于蚯蚓的消化作用。预消化作用比较适合于弱酸而不是强酸条件。蚯蚓消化需要 pH 值在 6.8 ～ 7.2 之间。赤子爱胜蚓能够能忍受较强的酸度。蚯蚓每天能够吃掉相当于其体重的食物，所以食物的供应必须充足。

（二）循环系统

蚯蚓在前端多达 5 个心脏，通过消化系统下面的腹血管把血液输送到身体末端，再通过另一条较大的背血管输送回心脏。在这一过程中血液经过毛细血管流经各器官和皮肤，不断进行养分、水分和废物的交换。在蚯蚓的大多数体节上背血管和腹血管是互相连接的。毛细血管壁非常薄，能够使营养物质、氧气跟液体、气体废物较容易交换。蚯蚓的循环系统极其脆弱，所以在在操作时要非常小心。

（三）呼吸系统

蚯蚓的皮肤就是它的呼吸器官。小的毛细血管网络不断把外界的氧气带入血液，把二氧化碳从血液中排出。只有体表保持湿润蚯蚓才能正常呼吸。为了使其正常呼吸，蚯蚓的生活环境必须保持湿润，但太高的湿度会造成二氧化碳的积累。

（四）肌肉与运动

尽管蚯蚓的身体摸起来很柔软，但是它非常强壮有力。蚯蚓的纵向肌肉非常有力，试验中能把自己拉伸到自己身长的 2 倍。在每一体节上存在环状肌可以使蚯蚓沿着身长收缩和伸长。蚯蚓的刚毛是肌肉从体壁伸出的小刺，就像是蚯蚓在移动时在表面上的锚。肌肉也能够把刚毛缩进体内。

环状肌肉与纵向肌肉相互协调连续运动。后面的肌肉伸展而前面的环状肌肉收缩，蚯蚓就会把前端推向前进。然后前面的肌肉伸展，利用自己的刚毛固定前端，把末端向前拖。进行着平滑而有节奏的运动。

口前叶在身体的最前端，代替了蚯蚓的鼻子。在土壤里，蚯蚓用口前叶跟肌肉系统联合运动而在土壤颗粒之间前进，把土壤颗粒排到两边形成洞穴，如果颗粒足够小就会吃掉。蚯蚓晚上取食会把末端固定在洞穴口，身体伸展到极限，把食物拖到洞穴里。

四、蚯蚓的生活习性

（一）穴居生活

蚯蚓由于长期生活在土壤的洞穴里，在其身体形态结构与生活习性等方面必然会对生活环境产生一定的适应，这是自然选择的结果。

蚯蚓的头部因穴居生活而退化，虽然在身体的前端有肉质突起的口前叶，在口前叶膨胀时能摄取食物，当它缩细变尖时又能挤压泥土和挖掘洞穴，但因终年在地下生活，并不依靠视觉来寻觅食物，所以在口前叶上不具有视觉功能的眼睛而只有能感受光线强弱或具有视觉的一些细胞。

蚯蚓的运动器官是刚毛。利用刚毛，它能把身体支撑在洞穴里，或在地面上蜿蜒前进或后退。

蚯蚓的身体是由许多的体节组成的，在每个体节与体节之间的背中央有一个小孔，叫背孔。这个小孔和身体里边相通，所以其体腔液可以从这个小孔里射出来，利用这种液体湿润身体，以增加滑润，减少与粗糙砂土颗粒的摩擦，并防止体表的干燥。此外，体表的湿润还与蚯蚓的呼吸密切相关，因为蚯蚓没有特殊的呼吸器官，主要是通过湿润的表皮来进行氧气与二氧化碳的气体交换的。

蚯蚓的感觉器官也因为穴居生活而不发达，只有在皮肤上能感受触觉的小突起，在口腔内能辨别食物的感觉细胞，以及主要分布在身体前端和背面的感光细胞，这种感光细胞仅能用来辨别光线的强弱，并无视觉的功能。

（二）六喜六怕

蚯蚓属腐食性动物，喜欢栖息在温暖、潮湿、阴暗、通气、富含大量有机质的土壤里，难以在一般耕地、红壤中见到。蚓床基料适宜含水量为30%～50%，适宜pH值为6～8。蚯蚓正常活动的温度为5～35℃，生长适宜温度为18～25℃，最佳活动温度为20℃，35℃以上则停止生长，40℃死亡，10℃以下活动迟钝，5℃以下进入休眠状态。蚯蚓的习性总结起来有"六喜六怕"。

1.六　喜

（1）喜阴暗　蚯蚓属夜行性动物，白昼蛰居泥土洞穴中，夜间外出活动，一般夏秋季晚上8时到次日凌晨4时左右出外活动，它采食和交配都是在暗色情况下进行的。

（2）喜潮湿　自然陆生蚯蚓一般喜居在潮湿、疏松而富于有机物的泥土中，特别是肥沃的庭园、菜园、耕地、沟、河、塘、渠道旁以及食堂附近的下水道边、垃圾堆、水缸下等处。

（3）**喜安静**　蚯蚓喜欢安静的周围环境。生活在工矿区周围的蚯蚓多生长不好或逃逸。

（4）**喜温**　蚯蚓尽管世界性分布，但它喜欢比较高的温度。低于8℃即停止生长发育。繁殖最适温度为22～26℃。

（5）**喜带甜、酸味**　蚯蚓是杂食性动物，它除了玻璃、塑料、金属和橡胶不吃，其余如腐殖质、动物粪便、土壤细菌等以及这些物质的分解产物都吃。蚯蚓味觉灵敏，喜甜食和酸味，厌苦味。喜欢熟化细软的饲料，对动物性食物尤为贪食，每日采食量相当于自身重量。食物通过消化道，约有一半作为粪便排出。

（6）**喜同代同居**　蚯蚓具有母子两代不愿同居的习性。尤其高密度情况下，小的繁殖多了，老的就要跑掉或搬家。

2. 六　怕

（1）**怕光**　蚯蚓为负趋光性，尤其是逃避强烈的阳光、蓝光和紫外线的照射，但不怕红光，趋向弱光。如阴湿的早晨有蚯蚓出穴活动就是这个道理。阳光对蚯蚓的毒害作用，主要是阳光中含有紫外线。据阳光照射试验，红色爱胜蚓阳光照射15分钟66%死亡，20分钟则100%死亡。

（2）**怕震动**　蚯蚓喜欢安静环境不仅要求噪声低，而且不能震动。靠近桥梁、公路、飞机场附近不宜建蚯蚓养殖场。受震动后，蚯蚓表现不安，逃逸。

（3）**怕水浸** 蚯蚓尽管喜欢潮湿环境，甚至不少陆生蚯蚓能在完全被水浸没的环境中较长久地生存，但不栖息于被水淹没的土壤中。养殖床若被水淹没后，多数蚯蚓马上逃走，逃不走的，表现身体水肿状，生活力下降。

（4）**怕闷气** 蚯蚓生活时需良好的通气，以便补充氧气，排出二氧化碳。对氨、烟气等特别敏感。当氨超过百万分之十七时，就会引起蚯蚓黏液分泌增多，集群死亡。烟气中主要是二氧化硫、一氧化碳、甲烷等有害气体。人工养殖蚯蚓时，为了保温，舍内生炉，其管道一定不能漏烟气。

（5）**怕农药** 据调查，使用农药尤其是剧毒农药的农田或果园蚯蚓数量少。一般有机磷农药中的二嗪农、杀螟松、敌百虫等，在正常用量条件下，对蚯蚓没明显的毒害作用，但有一些农药如敌敌畏、硫酸铜等对蚯蚓毒性很大。大田养殖蚯蚓最好不用这些农药。有些化肥如硫酸铵、碳酸氢铵、硝酸钾、氨水等在一定浓度下，对蚯蚓也有很大的杀伤。如氨水按农业常用方法对水25倍施用，蚯蚓一旦接触，少则几十秒，多则几分钟即死亡。所以，养殖蚯蚓的农田应尽量多施有机肥或尿素。尿素浓度在1%以下，不仅不毒害蚯蚓，而且可以作为促进蚯蚓生长发育的氮源。

（6）**怕酸碱** 蚯蚓对酸性物质很敏感，不同种类蚯蚓对环境酸碱度忍耐限度不同。八毛枝蚓、爱胜双胸蚓为耐酸种。可在pH值3.7～4.7之间生活。背暗异唇蚓、绿色异唇蚓、红色爱胜蚓则不耐酸，最适 pH 值为 5.0～7.0。碱性过大也不适宜蚯蚓生活。对环毛蚓在 pH 值 1～12 溶液中忍耐能力测定表明，在气温 20～24℃，水温 18～21℃情况下，pH 值 1～3 和 12 时蚯蚓几分钟至十几分钟内便死亡。随着溶液酸碱度偏于中性，蚯蚓死亡时间逐渐延长。目前人工养殖赤子爱胜蚓和红正蚓，最好把饲料调至偏弱酸性，这样有利于蛋白质等物质的消化。

五、蚯蚓的生活史

蚯蚓在一生中所经历的生长发育及繁殖的全部过程。生活史包括一个生殖细胞的发生、形成和受精，到成体的衰老、死亡。人为地一般分为蚓茧形成、胚胎发育和胚后发育 3 个阶段。

（一）蚓茧形成过程及蚓茧的形态特征

1. 生殖细胞的发生　随着个体生长，生殖腺逐渐发育，其内也逐步进行着生殖细胞的发生过程，到一定的时期，再排入贮精囊或卵囊内，进一步发育成精子或卵子。成熟的精子包括头、中段和尾 3 部分。全长 72 微米，有的可至 80～86 微米（为人类精子长度的 2 倍）。蚯蚓的卵多为圆球形、椭圆形或梨形。陆栖蚯蚓的卵较水栖蚯蚓卵小。赤子爱胜蚓卵的直径只有 0.1 毫米，由卵细胞膜、卵细胞质、卵细胞核以及最外面一薄层卵本身分泌的卵黄膜所构成。

2. 蚯蚓的交配 异体受精的蚯蚓，性成熟后通过交配，使配偶双方相互受精。即把卵子输导到对方的受精囊内暂时贮存。交配时两条蚯蚓前后倒置，腹面相贴。一条蚯蚓的环带区域正对着另一条蚯蚓的受精囊孔区域。环带区分泌黏液紧紧黏附着配偶。在两条蚯蚓的环带之间有两条细长黏液管将配偶相对应的体节（Ⅷ～ⅩⅩⅩⅢ）束缚在一起。赤子爱胜蚓两条蚯蚓相贴体节的腹面比较凹陷，形成两条纵行精液沟。雄孔排出的精液，由于沟内拱状肌肉有规律的收缩而向后输透到自身的环带区，并

进入对方的受精囊内。当相互受精完成后，两条蚯蚓从相反的方向各自后退，退出束缚蚓体的黏液管。直至配偶脱离接触。以上交配过程2～3小时。野生蚯蚓交配多发生在初夏、秋季的肥堆中，人工养殖蚯蚓，只要条件适宜，一年四季都可发生交配（图2-4）。

（1）**排卵与受精** 排卵是指蚯蚓通过雌孔将卵排出体外的过程。处在卵囊或体腔中的卵，由于没有运动器，主要依靠卵漏斗、输卵管上纤毛的摆动，被动地使卵经雌孔排出体外。雌孔往往在第一环带节腹面正中央（环

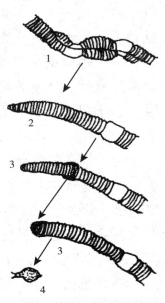

图2-4 蚯蚓交配繁殖图
1. 蚯蚓交配
2. 正在分泌形成的蚯蚓茧
3. 正在脱落中的蚯蚓茧
4. 已脱落的蚯蚓茧

毛蚓），故卵直接排入环带所形成的蚓茧内。包含有一至多个卵的雏蚓茧，因其后的体壁肌肉较前的体壁肌肉收缩强烈，雏蚓茧与体壁间又有大量黏液起润滑作用，加上雏蚓茧外周与地表接触受阻，蚓体向后倒行，使得蚓体前端逐渐退出雏蚓茧。当受精囊孔途经雏蚓茧时，原来交配所贮存的异体精液就排入雏蚓茧内。从而完成受精过程。

（2）**蚓茧形成**　从环带开始分泌蚓茧膜及其外面细长的黏液管起，经排卵到雏蚓茧从蚓体最前端脱落、前后封口成蚓茧止，是蚯蚓茧形成的全过程。蚓茧内除含有卵子外，还有精子及供胚胎发育用的蛋白液。

（3）**蚓茧的生产场所**　正蚓科蚯蚓如红色爱胜蚓、日本异唇蚓、背暗异唇蚓，一般产蚓茧于潮湿的土壤表层，遇干旱则产处较深。八毛枝蚓等多产于腐殖层中，赤子爱胜蚓多产于堆肥中。

（4）**蚓茧的性状**　刚生产的蚓茧多为苍白色、淡黄色，随后逐渐变成黄色、淡绿色或淡棕色，最后可能变成暗褐色或紫红色、橄榄绿色。形态多为球形、椭圆形，有的为袋状、花瓶状或纺锤状，少数为细长纤维状或管状。蚓茧的端部较突出，有的成簇状、茎状、圆锥状或伞状。

（5）**蚓茧大小**　蚓茧大小与蚓体宽一般成正相关。差别较大。赤子爱胜蚓一般长度3.8～5.0毫米、宽2.5～3.2毫米。

（6）**蚓茧的含卵量**　不同种类蚯蚓，蚓茧含卵量不同。有的仅含1个卵，有的则含多个卵，如赤子爱胜蚓，一般含3～7个卵，但有的蚓茧仅1个或20个甚至60个卵。

（7）蚓茧的生产量 蚓茧的年生产量依种类、个体发育状况、气候、食物因子等而变化。野生蚯蚓蚓茧生产有明显的季节性。处不利环境时（干燥、高温等）可能在短期内多生产些蚓茧。栖息于土壤表层（如爱胜蚓）的一些蚯蚓其蚓茧生产量往往比穴居土壤深处（如环毛蚓）的要多些。在人工饲养的良好条件下，蚯蚓可全年生产蚓茧。在20～26℃条件下，每条蚯蚓每天产0.35～0.80个蚓茧。

（二）蚯蚓的胚胎发育和生长

蚯蚓的胚胎发育是指从受精卵开始分裂起，到发育为形态结构特征基本类似成年蚯蚓的幼蚓，并破茧而出的整个发育过程（即孵化）。包括卵裂、胚层发育、器官发生3个阶段。蚯蚓胚胎发育的完成即为蚓茧孵化过程的结束。孵化所需时间及每个蚓茧孵出的幼蚓数，因种类、孵化时的温度、湿度等生态因子而变。赤子爱胜蚓每个蚓茧一般孵出幼蚓1～7条，孵化时间为2～11周。从幼蚓由蚓茧中孵化出来，经生长发育到达性成熟、生殖，然后逐渐衰老以及死亡。这个过程即为蚯蚓的胚后发育（即寿命）。蚯蚓生长，一般指蚓体重量和体积的增加。而发育指蚯蚓的构造和机能从简单到复杂的变化过程。两者既有区别，又密不可分。

蚯蚓的生长曲线一般呈"S"形。即幼蚓在达到性成熟前，体长、体重都急剧增加，性成熟（环带出现）到衰老开始（环带消失）前这一阶段，体重增加不多，但生殖能力很强。一旦环带消失，体重渐减。蚯蚓的胚后发育时间往往因种而异。赤子爱胜蚓55个周。长异唇蚓50周。自然条件下，不同发育阶段的蚯蚓常处在同一环境中，其组成往往随季节而变化。秋末产的蚓茧在北方很多来不及孵化，故冬天蚓茧比例大。春天成蚓较多。到6月（夏季）因蚓茧孵化使幼蚓数量激增，到秋天幼蚓数量又逐渐减少，体重较大的成蚓数量渐增。

（三）蚯蚓的寿命

蚯蚓的寿命，随种类与生态环境的不同而有差别。一种双胸蚓在干旱，贫瘠条件下，寿命仅为2个季度，而在较好的环境条件下，寿命可延长至2年多。环毛蚓为1年生蚯蚓，寿命多为7～8个月。在理想条件下，蚯蚓潜在寿命要更长些。如赤子爱胜蚓寿命可能达到4年半。正蚓6年。长异唇蚓为10年3个月。

据试验：赤子爱胜蚓在平均室温21℃情况下，蚓茧需24～28天孵化成幼蚓，幼蚓需30～45天变成蚓。成蚓交配后5～10天产蚓茧。平均每条蚯蚓的世代间隔平均在59～83天。

六、蚯蚓的生态类型

蚯蚓周围所有一切有机和无机因子都属于它的外界

环境。蚯蚓的正常生长、发育和繁殖需要适宜的环境条件。由于气候、食物、地理和地质等因素的影响，蚯蚓形成了不同的生态类型。一般将蚯蚓的生态类型分为3大类：表居型（如赤子爱胜蚓）上食下居型（如威廉环毛蚓）和土居型。

1. 表居型　居住和取食都在土壤表面的残落物层，以植物残体为食。体型小，因土壤表面剧烈变化的温度和湿度的影响和天敌的捕食死亡率高，但繁殖快。体壁有色素沉积，为红色或深黑色。在土壤中挖掘和穿插能力差，对土壤物理性状影响不大，主要通过对有机残体的破碎影响其分解速度。

2. 上食下居型　居住在土壤内，到土壤表面取食有机物质。体型中等，身体背面体表有色素沉积，为灰褐色或紫褐色。它们将有机物质运至地下，挖掘至土壤表面的通道并将下层土壤和未完全消化的物质排泄至土壤表面，对土壤通透性及土壤混合影响很大。

3. 土居型　居住和取食均在土壤内，主要取食土壤有机质。体型大，体壁无色素沉积，代谢繁殖均比较缓慢，在土壤内挖掘纵横交织的通道，影响土壤的孔隙度。

由于蚯蚓对环境条件如土壤类型、有机质含量、酸碱度、温湿度和通气状况等的要求随种类、产地不同而有差异，因此养殖蚯蚓要根据当地的自然条件因地制宜地选择品种。

七、生态因子对蚯蚓的影响

（一）土　壤

土壤是野生蚯蚓的食物来源，又是它栖息的场所。土壤包含着蚯蚓生活所必需的环境条件，各种生态因子对蚯蚓有着错综复杂的影响。

从全国来看，蚯蚓的分布、密度随着地区、土壤类型、季节、温度和有机质的数量而有较大的差异。蚯蚓在我国不同耕作土壤和自然土壤中的分布见表2-1和表2-2。

表 2-1　蚯蚓在不同耕作土壤类型中的分布数量

耕作土壤	采集地区	有机质（%）	数量（条/米²）
黑土	吉林长春	3.01	83
黄土	辽宁沈阳	0.69	16
夜潮土	北京	1.2	71
菜园土	北京	2.31	155
草甸褐土	北京	1.07	35
白油砂土	山东德州	0.76	67
马肝土	江苏南京	0.65	18
菜园土	江苏南京	2.68	126
菜园油砂土	安徽蚌埠	1.15	116
黑油砂土	湖北襄阳	1.47	181
油砂黄土	河南三门峡	0.97	46
黑垆土	陕西武功	1.52	109

续表 2-1

耕作土壤	采集地区	有机质（%）	数量（条/米²）
苜蓿地红油土	陕西武功	1.52	109
耕作垆土	甘肃天水	0.64	18
耕作红壤	江苏湖口	0.65	17
耕作红壤	福建晋江	1.02	40

注：以深 50 厘米土层内所含蚯蚓的数量作为计算单位。

表 2-2　蚯蚓在我国各种自然土壤类型中的分布数量

自然土壤	采集地区	有机质（%）	数量（条/米²）
黑钙土	吉林乾安	4.12	31
草甸黑土	吉林长春	5.68	58
棕壤	辽宁沈阳	1.44	49
山地棕壤	北京妙峰山	3.10	112
山地粗骨棕壤	山东泰山	4.12	39
山地棕壤	湖北神农架	28	18 668
山地褐土	山西吕梁山	3.62	71
灰褐土	甘肃子午岭	17	11 334
黄褐土	江苏徐州九黑山	2.38	50
黄褐土	湖北李家大山	4.12	176
山地黄棕壤	湖北大洪山	4.0	94
黄棕壤	南京燕子矶	1.52	20
冲积草甸土	安徽蚌埠	1.45	101
林地红壤	江　西	1.4	65
山地黄红壤	福建清源山	2.20	104
赤红壤	福建厦门	0.87	21

注：以深 50 厘米土层内所含蚯蚓的数量作为计算单位

（二）季　节

1. 蚯蚓活动的季节性变化　在温带和寒带，冬季低温干旱使蚯蚓进入冬眠状态，到翌年开春，随着温度的回升、雨季的来临，蚯蚓苏醒，开始活动。

在牧场，正蚓、红色爱胜蚓、绿色异唇蚓、夜异唇蚓、背暗异唇蚓等，每年 4～5 月及 8～12 月间最活跃；在草地，秋季特别是 10 月最为活跃。在北京，4 月底即可看到环毛蚓解除冬眠而活动，6 月底至 7 月初进入雨季，一直到 11 月初皆为蚯蚓的活动时期。

在热带，蚯蚓活动也局限在一定的季节，如我国云南地区，蚯蚓多活动在雨季的 5 月至 10 月，当土壤含水量降到 7% 以下时，蚯蚓也出现休眠。

从一年四季常见蚯蚓的垂直分布看，在 1～2 月土壤温度大约 0℃时，多数蚯蚓在 7.5 厘米以下，但到了 3 月份，土温升到 5℃时，蚯蚓就到 10 厘米深处，多数的绿色异唇蚓、背暗异唇蚓、红色爱胜蚓和长异唇蚓、夜异唇蚓、正蚓移至 7.5 厘米土层中，较大的蚯蚓仍停留在较深的土壤中。从 6 月到 10 月，除新孵化出的幼蚓外，都开始到 7.5 厘米以下。11～12 月多数蚯蚓又开始到 7.5 厘米土层中，促使蚯蚓移向更深的土层的因素是土壤表层的寒冷和干旱。除正蚓外，其他蚯蚓看来在夏季和冬季都要休眠，在这两个季节里，它们都停留在比 7.5 厘米更深的土层下。在夏季休眠的蚯蚓比冬季的更多，几乎所有的蚓茧都发现在 15 厘米顶端的土壤内，而且多数是在 7.5 厘米的顶部。

季节变化也会影响蚯蚓新陈代谢的强度。正蚓科蚯蚓在 5～8 月间，由于土壤温度和湿度不适宜，处于滞育状态，而在 9～12 月和 2～4 月的秋季和春季，由于土壤温度和湿度比较适宜，蚯蚓代谢活动旺盛，其活动达到高峰。

2. 蚓茧生产的季节性变化 季节变化不仅影响蚯蚓的活动和代谢水平，还非常明显地影响着蚯蚓的生殖与生长发育。若在人工养殖条件下，如果一年中始终保持适宜的湿度，那么，蚯蚓蚓茧的产量，也与土壤的温度成正相关。蚯蚓在冬季各月生产蚓茧最少，在 5～7 月间生产蚓茧最多。试验证明，蚯蚓产蚓茧有一个温度阈值，低于这个阈值就不产蚓茧。

3. 种群密度的季节性变化 通过调查发现，草地里蚯蚓种群的最大密度是在 8～10 月的秋季，尤以 10 月为最大，在冬天则很小。

正蚓、红色爱胜蚓、背暗异唇蚓、夜异唇蚓也在秋季出现最大的种群密度而在冬季最小，到翌年开春（4～5 月）又迅速激增。说明这 4 种蚯蚓的种群密度大小是随着季节而变化的。

第三章
蚯蚓养殖基础

一、蚯蚓生长繁殖对生态环境的要求

蚯蚓是以有机质废物为食的腐生性无脊椎动物。20世纪70年代开始人工养殖蚯蚓用于生产蚯蚓蛋白粉，替代进口鱼粉。笔者从1985年开始，在总结国内第一次蚯蚓养殖热潮的基础上，重点对人工饲料条件下蚯蚓的高产生态因子进行探讨，创立了蚯蚓高产养殖理论与系列技术。筛选出了以蚯蚓（粉）代替鱼粉，以蚯蚓粪代替部分麸皮玉米的鱼、鸡、猪优化饲料配方。同时以蚯蚓为中间纽带连接陆地和水体，组成了一个畜禽粪便—蚯蚓—鱼、鸡、猪组成的多级生产综合利用生态链。消除废弃物对环境的污染，形成农牧生态环境良性循环。同时为农民脱贫致富开辟了一条可行途径。

利用蚯蚓高效处理有机废弃物的关键是蚯蚓高产养殖技术。为了探索蚯蚓高产养殖技术，笔者对温度、湿度、pH值、碳氮比、密度等对蚯蚓生长繁殖影响较大的生态因子在人工饲料条件下对其最适范围进行了系统的观察研究。探讨了蚯蚓高产养殖的理论基础。

（一）蚯蚓生长繁殖与温度、湿度及通气性的关系

1. 温度　蚯蚓属于变温动物，体温随着外界环境温度的变动而变动。环境温度不仅直接影响蚯蚓的体温及其活动，而且还影响它新陈代谢的强度，以至于呼吸、消化、生长发育、繁殖等生理机能。

一般来说，蚯蚓的活动温度为 5～30℃，最适宜的温度为 20℃左右，在这样的温度条件下，蚯蚓能较好地生长发育和繁殖。20～30℃时，蚯蚓能维持一定的生长；32℃以上时，生长停止；10℃以下时，活动迟钝；5℃以下时，处于休眠状态，并有明显的萎缩现象；40℃以上，0℃以下一般要导致死亡。

另外，温度也对其他生态因子发生较大的影响，间接地对蚯蚓发生作用。由此可见，温度对蚯蚓生长繁殖影响最大。

不同种类的蚯蚓生长发育所需要的适宜温度是不一样的，其最高和最低致死温度也有差异。如环毛蚓的致死高温为 37℃，背暗异唇蚓为 39～40℃，红色爱胜蚓为 37～39℃，威廉环毛蚓、赤子爱胜蚓、天锡杜拉蚓为 39℃。日本杜拉蚓为 39～41℃。

土壤温度升高时，由于蚯蚓体表水分的大量蒸发而降温，因此，致死最高温度可适当上升，由于蚯蚓对温度的升高能产生适应性，因此，各类蚯蚓的致死最高温度可适当升高。一般来讲，蚯蚓在 0～5℃左右进入休眠

状态。进入休眠状态的蚯蚓抗寒能力最强。在冻土层中采集到的蚯蚓多为红色爱胜蚓，杂以少数微小双胸蚓及杜拉蚓。

为了使蚯蚓能正常生长繁殖，夏季高温季节要采取降温措施，饲养床上要经常洒水，以降低床内温度，并进行遮盖，如在室外养殖，可把养殖床置于树荫下、荫棚或竹园内，亦可置于防空洞内，这样，即使在高温季节，蚯蚓也能正常的生长繁殖。

随着冬季的到来，气温逐渐降低，日照渐短，处于自然条件下的蚯蚓就深入到土壤深层休眠。

2. 湿度　水是蚯蚓的重要组成成分（体内含水量 75%～90%）和必需的生活条件，因此，湿度对蚯蚓的新陈代谢、生长发育和生殖有极大的影响，成为蚯蚓生存的限制因子之一。降雨、下雪、刮风、灌溉以及植被状况、大气湿度等，都影响到土壤及环境的湿度（一般指绝对含水量），从而对蚯蚓产生很大影响。蚯蚓对水分的吸收和丧失，主要通过蚯蚓的体壁及蚓体的各孔道进行。

不同种类的蚯蚓，适宜的湿度是不同的，而且往往还因其他生态因子的变化而变化。赤子爱胜蚓适宜的土壤湿度为 20%～30% 左右，如栖息于发酵的马粪中，马粪的适宜含水量为 60%～70% 左右。在砾石和砂占 5%～85% 的土壤中，含水量从 15% 增加到 34% 时，背暗异唇蚓数量常常增加，如含水量超过 34% 时，则并不能取得很好的生存效果。

3. 通气性　在气体生态因子中，对蚯蚓影响较大的是氧和二氧化碳的含量。因为多数蚯蚓呼吸时要吸收氧气，排出二氧化碳。仅有少数种类进行厌氧呼吸，它们专门栖息在缺氧的生态环境中。

在蚯蚓养殖时，要适当通气，以便补充氧气，排出二氧化碳。一般来说，土壤中二氧化碳的浓度的极限在 0.01% 到 11.5%（有的蚯蚓也可能在 50% 的浓度下生存）。一般蚯蚓超过上述极限时，则出现迁移、逃避等反应，或导致蚯蚓体弱，产生畸形后代。

在蚯蚓养殖中，还要防止其他一些有毒气体对蚯蚓的毒害。如有的地方为了保温，在养殖蚯蚓的场、室内生火炉，由于管道漏烟气，致使蚯蚓大量死亡，就是因为烟气中含有二氧化硫、三氧化硫、一氧化碳等有毒气体的缘故。在饲料发酵过程中，会产生二氧化碳、氨、硫化氢、甲烷等有害气体，当达到一定浓度时，则对蚯蚓有毒害作用，导致其逃逸和死亡。因此，饲料投喂前要充分发酵，发酵后的饲料最好经过翻捣、淋洗或放置一段时间后再喂用，以便让有害气体尽量散失。

（二）蚯蚓生长繁殖最佳温度、湿度和酸碱度

选用赤子爱胜蚓，用牛粪和木屑充分混合发酵作为饵料，观察和比较不同的温度、湿度（一般指土壤或饲料相对含水量）、pH 值下蚯蚓增重、产卵和成活情况。结果表明：

第一，赤子爱胜蚯蚓生长与繁殖的最适温度、湿度、pH 值不完全一致。最适的繁殖条件：25℃、70%湿度和

pH 值 6。对于生产增重为主要目的的蚯蚓，其适宜条件是 18℃、湿度 65% 和 pH 值 8～9。

第二，蚯蚓对 pH 值适应范围较大，在 pH 值 5～11 范围内蚯蚓均能生存，但有 6 和 9 两个峰值，即对酸碱均有较强适应性，这在其他动物不多见。

（三）"大平 2 号" 蚯蚓在人工饵料中生活深度

观察蚯蚓在人工饵料中的分布深度和自然界差异很大。在质地均匀的人工饵料中蚯蚓潜入的深度可达 70 厘米；但 99.2% 分布于 50 厘米深度范围内。以求高产（群体增重）为目的蚯蚓养殖饵料厚度加大到 50 厘米是可行的。

（四）蚓茧在饵料中的分布规律

观察了在饵料深度 10 厘米、20 厘米、50 厘米三种处理下每 5 厘米深蚓茧的分布情况。结果表明，蚯蚓产卵空间主要在 6～20 厘米深度范围内，在 15 厘米范围内产卵数随着饵料深度增加而增加。种蚓池的饵料厚度以 15～20 厘米为宜。

（五）种蚯蚓适宜放养密度

蚯蚓的养殖密度要适当，如果密度较小，虽然种内个体间的生存竞争不剧烈，每条蚯蚓的增殖倍数较大，但整个种群单位面积的增殖倍数较小，产量低。放养过多，密度过大，由于食物、氧气等不足，生存空间拥挤，代谢废物积累过多，造成环境污染，致使种群内个体间生存竞争加剧，往往使个体增重下降，繁殖力也随之降低，病虫害与疾病蔓延，死亡率增高，幸存者逃逸等。

为了达到高产、优质、低消耗的目的，要摸索出合理的放养密度，使蚯蚓增殖倍数高，生长发育速度快。对每平方米 5 000 条、10 000 条、15 000 条蚯蚓三种密度下，"大平 2 号"蚯蚓繁殖性能观察。结果表明，种蚓养殖密度、放养成蚓以 10 000 ± 200 条 / 米^2，繁殖性能最佳。环毛蚓的养殖密度，以每平方米 1 000～1 500 条蚯蚓为宜。如果采用较先进的通气恒温加湿法，为蚯蚓创造更好的生态条件，则养殖密度还可提高。

（六）生产群不同放养密度生长发育规律

观察 50 厘米厚饵料条件下，不同放养密度蚯蚓从幼蚓到成蚓的个体生长增重和群体生物量增长规律。结果表明：

第一，蚯蚓个体性成熟为 60～70 天，90～100 天个体重达最大值。达性成熟和个体最大重的时间基本与放养密度无关。

第二，随着密度增大，个体重降低。但群体生物量随密度增大而增加。生产群蚯蚓放养密度可以增加到 5.5 万条 / 米^2。一般管理条件以 3～5 万条 / 米^2 为宜。

第三，蚯蚓增重曲线呈"S"形。在快速增长期与增重缓慢期的拐点处为蚯蚓最佳收获期，此时外部特征为环带刚形成，个体重随放养密度变化而变化。5 万～5.5 万条 / 米^2 条件下，每条 0.38 ± 0.02 克时收获经济效益最佳。

（七）蚯蚓人工养殖高产饲料因子筛选

1. 蚯蚓对不同处理粪便的自由选食观察　选用牛粪、猪粪、鸡粪、人粪、马驴粪、混合粪，采用自然风干（15～20天）、小堆发酵（15天）、粪便（70%）+麦秸草（30%）混合堆积发酵三种处理。观察大平2号蚓对不同处理的不同粪便的喜食程度。结果表明，蚯蚓最喜食牛粪，以粪便加麦秸草混合发酵处理方法的效果最好。

2. 最佳氮素料　不同粪便和麦秸草混合发酵对蚯蚓生长、繁殖的影响结果表明，各种粪便和麦秸草混合发酵后均可作为蚯蚓饲料。最佳氮素料为牛粪组。90天试验，繁殖倍数达20.75倍，增重倍数为12.7倍。

3. 最佳碳素料　以牛粪作为氮素料，以麦秸草、木屑、棉绒棉籽皮、食用菌渣、果渣、糟渣作为碳素料分别与之配合。配合比例为牛粪70%、碳素料30%，以筛选出最佳碳素料，组合成最佳蚯蚓饵料配方。结果表明，以食用菌渣与牛粪搭配组合效果最好。经90天试验，繁殖倍数达26.2倍，群体增重倍数15.95倍，个体增重以果渣组较好。

综合上述三个试验看出，牛粪、食用菌渣（锯末）果渣为蚯蚓高产饲料因子。这几种饲料搭配，最适宜蚯蚓生长、繁殖。其原因可能是牛粪比较细密、营养丰富、有害气体和异味较低；食用菌渣不仅营养丰富，而且与粪便发酵后的饵料松散、质地匀、通气性好；果渣含有一定量的糖、具蚯蚓喜食的甜味。故蚯蚓特别喜食或生活在含有这几种料的饵料中。

（八）不同饵料对蚯蚓生长及蚓体（粪）氨基酸含量的影响

不同饵料养殖蚯蚓对生长、繁殖速度有直接影响，但不同饵料及其组合对蚓体、蚓粪氨基酸含量有何影响是筛选高产优质蚯蚓饵料配方中遇到的问题。为此，笔者选用生产中最常用的麦秸草和经筛选出的高产饲料的因子——牛粪、蘑菇渣组合成发酵麦秸草、发酵麦秸草＋牛粪、蘑菇渣、蘑菇渣＋牛粪4种处理，观察蚯蚓生长情况以分析蚯蚓氨基酸含量的差别。结果表明，4种饵料中用牛粪＋蘑菇渣组合，蚯蚓增殖倍数和增重倍数最高，分别为12.6倍和15.0倍，并且氨基酸总含量最高。单纯发酵麦秸草饲养的两项指标最低，为4.5倍和7.9倍，不同饵料对鲜蚓、干蚓、蚓粪氨基酸含量有影响，呈直线相关。牛粪＋蘑菇渣高产优质配方饲养的蚯蚓，干蚓氨基酸含量接近进口鱼粉，优于国产鱼粉；蚓粪氨基酸含量较麸皮低，但某些限制性氨基酸含量高于麸皮，蚓粪完全可作为麸皮替代物在畜牧上应用。

二、蚯蚓饵料的调配

（一）蚯蚓饵料组成与常见配方

1. 饵料组成　蚯蚓主要以腐烂的有机物为食，只要是无毒的、酸碱度不过高或过低，盐度也不过高、能在微生物作用下分解的有机物都可以作为蚯蚓的饵料。但是要注意，蚯蚓一般不吃新鲜的植物有机体。任何畜禽粪便和酿酒、制糖、食品、制纸和木材等加工后的有机废料，如酒糟、蔗渣、锯末、麻刀、废纸浆、食用菌渣等，垃圾、生活有机废物（如蔬菜、剩余饭菜、米汤、废血、鱼的内脏等），以及昆虫的幼虫、卵，动物的尸体，各种细菌、真菌，这些都可以作蚯蚓的饵料。

蚯蚓不大吃太酸、咸、涩、苦、辣的饵料。赤子爱胜蚓类（"大平2号"）多取食发酵腐熟的畜粪、堆肥等含蛋白质、糖丰富的饵料，尤其是腐烂的瓜菜、香蕉皮之类具有甜香味的食物，每天摄食量为自身体重的 $0.3 \sim 1.0$ 倍。

蚯蚓的生长繁殖需要多种营养物质，主要的营养指标是碳氮比。目前人工养殖的"大平2号"蚯蚓对碳氮比的要求在 $20 \sim 30 : 1$，饵料中的蛋白质不能过高，因为蛋白质分解时会产生恶臭气味和氨气，过高则对蚯蚓生长不利。因此，氮素饲料不宜单独使用，必须适量搭配碳素饲料，使碳氮比调整到 $20 \sim 30 : 1$ 范围。碳素饲料也不宜单独使用，由于营养不全面，也不利于蚯蚓生长繁殖。

饵料搭配的基本原则是：碳氮比例要合理，一般粪料60%，草料40%，品种尽量多种多样。蚯蚓是杂食性动物，要求营养丰富的有机物质。蚯蚓繁殖快或慢很大程度取决于氮素营养，特别是有效氮。

2. 蚯蚓饵料常见配方　由于不同的饵料所含的营养成分和碳氮比不同，不同的蚯蚓对饵料的取食和消化吸收率也不同，直接影响蚯蚓的产茧量和繁殖率。例如用牛羊粪饲喂蚯蚓比以粗饵料和燕麦秸喂养所产的蚓茧数量要高出几倍到十几倍。说明以腐烂或发酵后的含氮丰富的有机饵料如牲畜粪便，比植物性含氮少的有机饵料如麦秸等，能促进蚯蚓更快地生长和繁殖。因此，为了养好蚯蚓，必须对饲料进行科学配比，做到就地取材、废物利用，减少运输和成本。

蚯蚓饵料常见配方：

①牛粪 100%。

②牛、猪、鸡等各种禽畜类便混合共 100%。

③牛粪 20%＋猪粪 20%＋鸡粪 20%＋稻草 40%。

④各种禽畜粪便 60%～70%＋草类（即杂草、稻草、树叶、锯末、粗糠、碎蔗渣、农作物茎叶等）30%～40%。草类要另行沤制腐烂，以免发热。

⑤牛粪 50%＋纸浆污泥 50%。

⑥马粪 80%＋树叶烂草 20%。

⑦鸡粪 60%＋菜园土 40%。

⑧蘑菇渣 70%＋猪粪 30%。

⑨草菇渣 80%＋牛粪或猪粪 20%。

⑩生活垃圾 70%＋畜粪 30%。

（二）蚯蚓饵料的堆制技术与操作规程

蚯蚓的饵料是经过充分发酵后的有机废物，如各种牲畜粪便和秸秆等。这些有机废物必须经过堆制发酵后，蚯蚓才能吞食利用。没有充分发酵的饲料作为蚯蚓的饵料，会使蚯蚓大量死亡。因此搞好饵料的发酵，是人工养殖蚯蚓的关键，一般有机废物经过三四次的翻堆腐熟后，就可作为蚯蚓的饵料。

1. 饵料种类　蚯蚓是杂食性环节动物。喜欢吞食腐殖化的植物性有机质，或发酵过的畜禽粪便。有机废物都要经过发酵。例如，牛、猪、马、鸡的粪便和垃圾、果皮、树叶等都可养蚯蚓，但必须先经发酵腐熟，使之分解，达到无酸、无臭、无不良气味。

发酵前，畜禽粪便，如马粪或猪粪都要经过洒水、捣碎；农作物秸秆，如稻草或麦秸，最好用铡刀切成6～9厘米长，再浇水，拌均匀，使其充分湿润，然后在地面堆制。

2. 饵料堆制方法　采用一层秸秆，约20厘米厚，一层牲畜粪，约10厘米厚，充分洒水，所含水分为50%～60%之间。逐层堆积，依次类推，堆积1米高左右，长度不限。要求堆料松散，不要压实，以利高温细菌的繁殖。上面可用塑料薄膜覆盖，以达到保温保湿之目的。

15天左右翻堆1次，把上面的堆料翻到下面，四周的堆料翻到中间，并把堆粪抖松拌匀，添加水分，以改善空气条件和水分状况，达到促进微生物繁殖和堆料腐熟的目的。

饵料堆腐过程，是利用微生物分解有机物质，是物质的生物化学过程，大致可分为3个阶段。

（1）**前熟期（糖类分解期）**　堆积的有机废物经过
3～4 天后，里面的碳水化合物、糖类、氨基酸、蛋白质
等被高温微生物利用，温度可上升至 50～60℃之间，大
约 10 天，温度开始下降，半个月左右可翻堆 1 次，并添
加水分，保持含水量在 60%～70%之间，同时改善空气
条件。

（2）**纤维分解期**　这个时期系高湿低温发酵阶段，
含水分大约 70%，纤维素细菌开始分解纤维素，经过半
个月左右，再翻堆 1 次并补给水分。

（3）**后熟期（木质素分解期）**　主要由蘑菇菌参与分
解，发酵物质为黑褐色的细片。在发酵过程，各种微生
物交互出现，死灭，这时微生物数量趋于衰减，微生物
遗体也是蚯蚓的好饵料。

此外，如果发酵过程中添加 EM 菌液，则应先将稻
草、秸秆截成小段，铺一层厚 10～15 厘米的干料，然
后在干料上铺一层厚 4～6 厘米的粪料，重复铺 3～5 层，
每铺一层都喷水，EM 菌液就在此时加入粪堆中。1 吨粪
料需要 EM 菌液 5 千克，对水 100 升左右。在水中加入 1
千克红糖更好，以有水渗出为度。若采用垃圾，一层垃
圾一层粪，长、宽不限，并用薄膜盖严。在气温较高的
季节，一般第二天堆内温度即明显上升，4～5 天可升至
60～70℃，以后逐渐下降。当堆温降至 40℃时（这个过
程需要约 15 天），则要进行翻堆，把上面翻到下面，两
边翻到中间，堆放好并再加入 EM 稀释液。此后只需翻
1 次堆或不翻堆，2 周以内发酵即可完成。如果 100% 用

粪料，先把粪料晒到五至六成干，然后架堆、淋水，加入 EM 菌液，然后用薄膜盖严，过 10～15 天扒开，淋水，散热后即可使用。发酵草类，一定要挖坑或集堆渗透沤制，要堆沤至腐烂才可使用，以避免第二次发热。

3. 饵料 pH 值调节 饵料发酵好后需要测试 pH 值。蚯蚓饵料一般要求适宜的 pH 值为 6～7.5，但很多动植物废物的 pH 值往往高于或低于这个数值。例如，动物排泄物的 pH 值是 7.5～9.5，因此对蚯蚓饵料的 pH 值要进行适当调节，使它接近中性，以适合蚯蚓生长。如在粪料中加入 EM 菌液后进行发酵，其 pH 值会自然降至 6.5～7.5，不必调节。

当 pH 值超过 9 时，可以用醋酸、食醋或枸橼酸作为缓冲剂，添加量为饵料重量 0.01%～1%，可使 pH 值调至 6～7。添加量太小，效果不大；但是超过 1%，则会使蚯蚓产茧率急剧下降。

当饵料 pH 值为 7～9 时，也可用饵料重量 0.01%～0.5% 磷酸二氢铵调节，使饵料 pH 值调至 6～7，但不可超过 0.5%，否则也会导致蚯蚓茧产量的下降。当饵料的 pH 值为 6 以下时，可添加澄清的生石灰水，将饵料的 pH 值调至 6～7。

4. 饵料质量鉴定 发酵后的饵料用感官即可鉴定，如饵料色泽黑褐，无异味，质地松软，不黏滞，即为发酵良好。

饵料发酵过程中产生的有害气体，仍有少量溶于饵料的水分中，游离于其空隙里。此外，由于饵料来源复杂，可能含有某些无机盐和农药等。因此，投喂前应将饵料堆积压实，用清水从料堆顶部冲洗，直至料底有水淌出。

饵料在使用前要进行试投。方法是：饵料经过冲淋后，使水分适当蒸发，取一小部分置于饲养床上，经1～2昼夜后，如有大量蚯蚓进入栖息，取食，并无异常反应，则说明饲料适宜，可大量正式投喂。

第四章
蚯蚓养殖方法

　　在养殖前，要根据养殖的目的和其他情况选择养殖
蚓种。因为不同种类的蚯蚓，对周围环境的选择和适宜
情况不同，往往各有所长。如环毛属蚯蚓、背暗异唇蚓、
赤子爱胜蚓、红正蚓等，生长发育快，较易饲养，用途
较大。特别是赤子爱胜蚓，不仅易饲养，繁殖能力强，
而且蛋白质含量高，可做人类的美味食品。至于药用，
长期以来，人们多用直隶环毛蚓、秉氏环毛蚓、参环毛
蚓和背暗异唇蚓等蚓种。若要利用蚯蚓来改良土壤，更
应该根据当地自然条件，因地制宜选择蚓种。如微小双
胸蚓、爱胜双胸蚓等适宜在 pH 值 3.7～4.7 的酸性土壤
中生活，而且耐寒、喜水，因此可用来改造北方土壤偏
酸、含水量大、阴凉的泥炭沼泽地。水位低的地方，可
以考虑饲养耐旱的杜拉蚓。在砂质土壤地区，可养殖喜
欢砂居的湖北环毛蚓和双颐环毛蚓。目前，我国人工养
殖的蚯蚓种类，主要是赤子爱胜蚓和威廉环毛蚓。尤其
是赤子爱胜蚓，虽然个体中偏小，但生长期短，繁殖率
高，食性广泛，便于管理，饲料利用率高，经济效益高，

无论在室内室外均可人工养殖。威廉环毛蚓个体中等大小，分布广，生长发育较快，个体粗壮，抗病力强，尤其适合大田养殖。即在农用饲料地、果园等大田上种植物下养蚯蚓，双层利用土地。从日本引种的"大平2号"和"北星2号"经鉴定与我国的赤子爱胜蚓同属一种，为优良的养殖种。但发现引进时间较长，出现了近亲交配，后代衰退现象。主要表现在生长缓慢，个体细小，产卵少，生活力低，导致生产力下降，需进行提纯复壮。蚯蚓养殖的具体方法或方式根据不同的目的和规模大小而定。尽管各类养殖方法名目繁多，但其基本原理都是相同的，即根据蚯蚓的生活习性和繁殖习性进行科学养殖。下面介绍几种现在普遍采用的方法。

一、大田养殖

这种方法适于野外大面积养殖。利用动植物互相促进的共生原理，施行土地双层利用，既就近利用了果树盘和园林、作物的落叶、枯根、杂草、农家肥料等有机物，还可充分利用园林、大田作物适于蚯蚓栖息的有利条件。因有自然荫蔽的小气候条件，对蚯蚓繁殖更为适宜。在这种条件下生长、繁殖的蚯蚓，比室内温度较恒定生长的蚯蚓身体粗壮，生活力更强。同时，还能利用蚯蚓改良土壤，促进农林业增产，但这种养殖方法受自然条件影响较大，单位面积产量较低，当然，成本也相应地较为低廉。因此，这种方法值得大力提倡和推广。

园林中养殖，宜在开春以后，在果树或其他林木行间开沟，沟内铺放饲料，投入种蚓（或诱集野生蚯蚓），覆土填平。要经常保持沟内饲料的湿度。

沟的宽度要视林木行距和饲料的多寡而定，沟的深度要视地下水位的高低、土壤干湿等情况而定。

值得注意的是，在橘、美洲松、枞、橡、杉、水杉、黑胡桃、桉等林木中，不宜放养蚯蚓。因为这些树的落叶一般都不易腐烂，又多含有芳香油脂、单宁酸、树脂和树脂液。这些物质对蚯蚓有害，能引起蚯蚓逃逸。

在桑林中养殖，桑田行距一般为 1.3 米，在行与行中间挖 35～40 厘米宽、15～20 厘米深的行间沟，填入饲料后，养殖环毛属蚯蚓每亩桑田可年产蚯蚓 20 余万条，桑叶增产近 1 倍。

农田养殖，可结合作物栽培同时进行。在一般情况下，栽培多年生作物的农田比 1 年生作物的农田更适宜放养蚯蚓。叶面遮阴多，水肥条件好的农田养殖效果更好。

春季选择常年青绿地块，开沟投放饲料，然后投入蚓种。

聚合草为多年生阔叶青饲料，其生长期与自然环境中蚯蚓的生长期基本相同，所需湿度也近似。夏季聚合草生长旺盛，叶片可为蚯蚓遮阴避雨。还可以在大田及田的四周种植向日葵遮阴。当气温为 34～38℃时，蚯蚓在作物根部 5～8 厘米深处活动。而没有作物遮阴的蚯蚓，则钻入 30～40 厘米深处。枯黄落叶蚯蚓可食。大雨冲击时，蚯蚓可爬到作物根部避雨。一般全年可亩产环毛属蚯蚓 1 000～2 000 千克，聚合草也得到增产。

具体做法是：大田周围要挖好排水沟，以保持排水畅通。行距一般为 35 厘米，在行距中央开宽、深均为 15～20 厘米的土槽，然后投入饲料，放养种蚓。

夏季收割聚合草时，要注意隔行采收，尽量保持蚯蚓的避光条件。另外，在甘薯、蚕豆、棉花、白菜、小麦、玉米等作物的农田中，都可以放养蚯蚓。有的农田可采用饲料与土壤混合的方法（随耕地施基肥时进行），结合作物收获翻地时收获蚯蚓。

二、半地下池养殖

1. 修好蚯蚓池　蚯蚓池为半地下式，在地面向下挖 0.5 米深，地面上修砌 20～30 厘米高的池，四周用砖砌（不用灰、泥灌缝），下面是土底。上边盖细铁丝网、牛毛毡或黑色塑料薄膜，以防老鼠、蟾蜍等天敌，并遮光和防雨。"大平 2 号"蚯蚓对适宜的湿度、新鲜的食料和食料中 20℃左右的温度层有明显的趋性，且群聚性强，当这些条件基本满足时，其是不会逃跑的。池底不需铺砖或铺塑料薄膜。因铺底仅起到保湿作用，减少洒水次数，但在冬季却阻止了蚯蚓向土壤深处移动避寒，往往会造成大量死亡。

2. 保持适宜温度　冬天加厚饲料厚度（30 厘米以上），增盖麦草、草帘和塑料薄膜，10 多天加水 1 次，20～30 天加 1 次新料，防寒保温，做好越冬保苗工作；夏季减少饲料厚度（20～30 厘米），遮阴和勤浇水以调节温度，做到蚓床内夏天不超过 30℃，冬天不低于 10℃，以利于蚯蚓的生长和繁殖。

3. 保持适宜湿度 蚯蚓靠皮肤吸收溶解在水中的氧气进行呼吸，湿度不足时皮肤干燥，呼吸不能正常进行而引起死亡。夏天一般 1～2 天于傍晚浇水 1 次，秋冬季 3～7 天浇水 1 次。以手握饲料指缝中有水，但水滴掉不下来为宜。湿度过大蚯蚓会逃走或死亡。

4. 密度适宜，及时添料 蚓床接种以每平方米 600 多条、重约 300 克为宜，生产群密度一般 1 万～1.5 万条为宜。密度过大则生长不好，孵化率低。

养殖过程中需及时添加经过发酵的混合饲料，以满足蚯蚓生长繁殖对养分的需要。当发现饲料像糟粕一样，有些蚯蚓已钻进砖缝时，说明蚓料缺乏，需要添加新料。添料时，先把旧料连同蚯蚓堆向一边，在露出的空床上加新料，待蚯蚓进入新料时，再在旧料上铺少量新料，待卵孵化后，将上部蚯蚓连同新料取走，旧料可作鸡饲料或肥料。一般 7～10 天加新料 1 次，每次 8～10 厘米厚。

三、肥堆养殖法

这种养殖方法多用来诱集野生种蚓，也可投放种蚓进行人工养殖。具体方法是：取农家肥 50%、土壤 50%，两者混合或分层（肥料和土壤均为 10 厘米厚，交替铺放）堆成 1～2 米宽、0.5 米高、长度不拘的肥堆。一般堆放 24 小时后，每平方米可诱入蚯蚓几十至几百条。

采用此法养殖，蚯蚓增重较快。据试验，6 月中旬经 10 天养殖，体重可增至 60%～100%，环带显著。在 4～ 10 月间比较适于室外养殖。

四、简易大棚养殖技术

（一）大棚建设

养蚯蚓的塑料大棚与冬季栽种蔬菜的塑料大棚相似。棚体内设养殖床。但塑料大棚造价较高，适于大规模机械化养殖。条件较好的城郊、养鱼场、养鸡场和养鸭场均可建造。

棚体构造及规格可因地制宜，就地取材。常用型号一般有 25 型、30 型、50 型和越冬型等几种。

30 型塑料大棚长 30 米，跨度为 6 米，最高点不宜超过 2 米，棚内两侧各为 2 米长的饲育床，中央留 2 米通道。地面可铺设水泥或三合土，棚顶为弧形，上覆盖带色无毒塑料薄膜。大规模饲养时，同型号的塑料棚应并排连在一起，这样，既节省劳力，又便于管理。一般 8 个并排的塑料棚可安排 2 人进行饲育管理。据测算，30 型塑料棚 8 个，月产成蚓约 20 吨，蚓粪 10 吨。

塑料棚受外界气温影响较大，冬季要采取保温措施：

第一，增加光照。入冬前，应把带色塑料薄膜改为透明膜。

第二，棚外可加设风障，薄膜上加盖蒲帘，整个棚体衔接处要严密。

第三，棚内可设小拱棚，罩严饲育床。

第四，在拱棚内每 1～1.5 平方米设红外线保温灯一盏。

第五，把养殖层加厚到 40～45 厘米，变为平槽堆放。

按以上措施，当棚外气温在 −10℃时，棚内气温一般可保持 4～7℃，拱形小棚内温度 9℃，床温 8℃，这样就能保证赤子爱胜蚓正常生长，安全越冬。

夏季棚内气温较高，要采取降温措施：

第一，避光降温，换成蓝色塑料薄膜，棚外可盖苫布，棚顶内侧增加牛皮纸隔离层。

第二，当棚内温度超过 30℃时，可将塑料薄膜裙边敞开 1 米高，以利通风降温。

第三，棚内可经常洒水。

为了降低棚体造价，可采用各种简易大棚。

（二）塑料大棚养殖蚯蚓管理措施

1. 挖坑上料　为了提高饲育床的温度，宜在棚内挖深 20 厘米。例如 12 月、1 月、2 月 3 个月，月平均气温为 6.2℃、3.3℃、4.6℃（上海）；而 20 厘米深的地下月平均气温为 9.1℃、5.3℃、6.7℃，地温比气温高 2～3℃。

入冬前可在棚底铺上厚 7～10 厘米的纤维料，如木屑、木花、杂草、城市垃圾使地面和床面隔开，收到增高床温的效果。由于地面和床列之间加入了一层热传导非常困难的空气层，白天热量不会一直下传。因此，白天对床温有积蓄作用夜间有增温效果。如果在纤维料中加一些鸡粪、马粪等发热材料时，这种效果就更为明显。国外用泡沫聚氯乙烯板等隔热材料代替上述纤维料，有同样的增温效果。

铺上纤维料后加水，让其缓慢发酵10～15天，以排除有害气体。然后在纤维料上加厚为5～10厘米的半腐熟料，其配比为粪料65%，纤维料35%。拌和后加水堆制，做第一期发酵，腐熟后可拆堆使用。

2. 利用饲料发酵热　在寒冷季节，大棚养蚯蚓日夜温差较大，可以利用饲料发酵热自动增温。只做一次发酵，呈半腐熟时应用。

寒冷、低温季节发酵料应多加，反之则应减少。11月至翌年2月可把发酵料逐步加厚至30～80厘米。加料时，应抖松调水。天冷时多加牛、猪、鸡粪便，天气转暖时，可增加杂草、木屑等纤维料。采用这种方法可以使料温稳定，受气温影响小，当气温下降到 -4℃时，床温仍可保持在22～25℃之间。

3. 电加热线增温　当严寒天气又碰上较长时间的大风或降雪时，尤其是在东北地区，需用电加热线临时提高床温。

电加热线是一种地下加温的方法，可把加热线埋入饲育床底，如与饲料发酵热并用，可降低成本。

4. 加水调温　晴天应在上午10时左右喷水1次，天热多喷，天冷少喷，喷后将塑料大棚两头封住，以达到增温效果。喷水后，水汽吸收太阳光的长波性能好，棚内水汽蒸发，造成闷热状态，使床温提高。

另外，水的热容量比土壤的热容量大2倍，比空气的热容量大3000倍，水的保热本领是土壤的25倍，所以喷水后，水蒸气蒸发吸收了大量太阳能（每蒸发1克水约需2500焦辐射热），从而增加了大棚的保热能力和热容量，提高了夜间的床温。

5. 双重覆盖保温 棚体和饲育床采用不同保温材料覆盖，一般可使床温提高20℃左右。塑料棚冬季增温效果明显，一般比日平均气温提高5～15℃，其增温原理与玻璃房相似。另外，由于在塑料薄膜覆盖下通风透气性差，使膜内空气中含的水汽多，而水汽对于长波辐射的吸收本领比较大，这也是塑料大棚温度较高的原因之一。

（三）塑料棚养殖蚯蚓不足之处

一是气温高、地温低。在冬季，塑料棚内的温度难以稳定在蚯蚓生活所需的最适温度。

二是早、中、晚温差较大。和棚外气温相比，早上高1～3℃，中午高10～15℃，夜间高5～8℃，温差变化较大，对蚯蚓生长、繁殖有一定的影响。

三是易受天气影响。晴天增温明显，阴天增温效果较差。棚内气温随外界气温升降，而日照强弱常有明显变化。蚯蚓不大适应较剧烈的气温变动。

四是地面易发冷。一般说的"玻璃温室地暖，塑料温室地寒"是有道理的。塑料棚的地温几乎全靠太阳照射。土壤表面热了之后，地面的大量热量从土表向深层传导，使土温逐渐升高。因此，土温受气温影响较大。地温升高1℃，与气温升高2～3℃的热能相等，而地温又不能保持，很快向地下传导，也用长波向外辐射，特别是在晴天的夜间，地面不断通过长波把热量散发到大气中，每小时每平方米面积放出热量300～420兆焦，造成逆温差现象，在较小的棚内特别明显。

　　为了适应蚯蚓生长、繁殖的要求，使床温保持在16℃以上，并达到昼夜大体均衡，需要扬塑料薄膜之长，避其所短。因此，要在养殖实践中继续研究和采取有效的管理措施。

五、蚯蚓立体养殖

（一）室内箱养

　　一般采用箱养，饲养箱可用木质包装箱、塑料食品箱或用废旧木材、竹、柳条制作。杉木、芳香性针叶木料及含单宁酸或树枝液的木料，含铅的油漆或杂有酚油，对蚯蚓有害，不能用来制作饲养箱。箱大小、形状不定，每个箱面积以不超过1平方米为宜，便于移动和管理。

　　养殖箱的长、宽、高一般有下列几种规格：50.8厘米×35.6厘米×15.2厘米，60厘米×30厘米×20厘米、60厘米×40厘米×20厘米、60厘米×50厘米×20厘米、60 厘米 × 50 厘米 × 25 厘米、40 厘米 × 20 厘米 × 30 厘米、40 厘米 × 35 厘米 × 30 厘米。

箱底和箱侧要有排水、通气兼用孔，两侧要有拉手把柄对称，饲料厚度一般不要超过 20 厘米，冬季可适当加厚。装料太多，易使通气不良；装料太少，饲料易于干燥，影响蚯蚓生长和繁殖。饲料表面要覆盖塑料薄膜、废纸板或稻草，可接露水，使饲料保持潮湿，并减少饲料中的水分蒸发。

箱孔的大小以直径 0.7～1.5 厘米为宜，其面积可占箱壁面积的 20%～35%。箱孔除通气排水外，还可控制箱温不致因饲料发酵而过高。同时，部分蚓粪也会从箱孔逐步掉落，便于蚓粪的分离。

将箱层叠起来养殖，这样，就变成了立体箱式养殖。这可充分利用空间，增加饲养量，便于管理，适于专业化常年养殖。床体结构可用角铁焊接或竹木搭架，养殖箱置于床上，一般以 4～5 层为宜，床间设有作业道，宽 1.5 米。室内门两侧可设 50 厘米 × 25 厘米的进气小门，屋顶设排气风筒一个，以利室内气体交换。冬季可利用附近工厂的蒸汽余热等热能调节气温，一般可保持在 18℃左右。室中间可安装电灯或日光灯，供夜间照明，防止蚯蚓逃逸。

室内箱养法的养殖密度，一般应掌握在每平方米 5 000～10 000 条，饲料层上覆盖一层聚乙烯塑料薄膜，以减少水分蒸发。当冬季室外温度降至 −1℃时，要及时启用加温装置，使室温升到 18℃左右，并相对保持稳定。室内气门每天可开2～3次，以保持空气清新。在夏季，要全部打开气门，经常用凉水喷洒饲料层和地面，降温保湿。随着蚓体的生长，可适当减小箱内蚯蚓的养殖密度。在60厘米×40厘米×20厘米规格的箱中，开始时，每箱可放养2 000条，在较佳的温度（20℃）、湿度（75%～80%）条件下，养殖3～5个月后，可增至18 000条。

箱筐层叠和上架时，上下左右之间空隙以5厘米为宜，以利空气流通。

这种养殖方法的优点是：占地面积小，使用人力少，便于管理，生产效率比平地养殖高。

（二）室内立体层床养殖

如果养殖规模再大，可采用室内立体层床养殖。该法可进一步降低生产成本，减轻劳动强度，有利于蚯蚓四季生长。繁殖产量比平养法增加2～3倍。

1. 立体层床建造　室内立体层床一般以左、右双行建造。每行宽1米，长度视房间深浅，中间留人行道。建造的主要材料为砖块、水泥、砂石，底层泥拍实即可。一般以六层为宜，太高不便操作。每层间隔高度，从下而上逐层减低，如一、二层40厘米，三、四层35厘米，五、六层30厘米。总高度210厘米。

从第二层起，用厚5厘米、长105厘米、宽50厘米的水泥板两块平行铺放。每层左、右间隔1米。两头用砖向上叠出空洞，以利通风。为讲究节约和便于砌筑搬动，在浇水泥板时可用 105 厘米长、手指粗细的篾条 4 根代替钢筋结扎。每块水泥板的重量控制在 35 千克左右，浇制时水泥、砂、小石子配比为 1 : 3 : 5。

建成的立体层床似中药房的药柜，每间饲料床 1 平方米。在层床前面（人行道两边）需垂挂宽 100 厘米、长 210 厘米活动有色窗帘或有色塑料薄膜，用以遮光挡风，为床内的蚯蚓创造阴暗、安静的栖息环境。

2. 管理要点

（1）**加料**　第一次饲料厚度，一般料每床 10～15 厘米；统糠料 8～12 厘米。统糠料养蚯蚓效果很好。其制作方法是：清水 50 升，统糠 20 千克，尿素 0.1 千克。先将尿素溶解在水中，再加入统糠拌匀，经 7 天左右（夏季稍短，冬季稍长）发酵即成。饲料放入耙平后，放入种蚓 1 000～2 000 条。加料时，要等料面粪化，刮掉蚓粪后进行。每次加料厚度，一般料 5 厘米，统糠料 3 厘米。全年养殖蚯蚓时，加饲料要掌握薄料多施，夏薄冬厚，春秋适量。

（2）**保湿**　在饲料面上，盖一张 1 米^2 大、两边有固定的竹条、能卷展的塑料薄膜，起保湿作用。如果需要洒水，宜用喷雾器，力求均匀潮湿。

（3）**收粪**　为便利收粪，可在料面上、塑料薄膜下平放几根 1 米长的小竹子或篾条，到刮蚓粪时，刮片（任何硬片均可）只需与小竹子成"卅"形，把蚓粪一次刮至床沿，装入盛器，供家禽家畜添加。其他管理同常规饲养。

六、蚯蚓的生态养殖

近年来，应用畜牧生态工程，即在畜牧养殖中加入（或建立）新的食物链环节，使单一饲养结构转变为复合养殖结构，实现农业动物群落的综合化，建立以持续高效生产动物产品为目的的农业生态系统，在世界各国广泛展开。发达国家的工厂化畜禽饲养场都纷纷通过添加沼气工程和蚯蚓将畜禽粪转换为生物气和高价值的蚯蚓蛋白饲料，向复合型畜牧业联合企业发展。一些发展中国家新建畜牧场一开始就走畜牧生态工程的道路，大大加快了畜牧业的发展。

由于蚯蚓养殖对条件要求不严，操作简单。饵料是常见的作物秸秆、枯枝落叶、杂草和农家肥、牲畜粪便等，而且蚯蚓和蚯蚓粪含有很高的蛋白质，均可供畜禽和鱼类食用，喂后畜禽，生长快、发育健壮、疾病少、死亡率低，而且畜禽产品质量大大提高。

将蚯蚓这种高蛋白饲料资源引入养殖业加以开发和利用，投资少、耗能低、无污染、效益高。蚯蚓作为"增益环"与农牧生态系统的其他食物链环节连接起来，形成以生产畜产品为主、兼顾环境效益的综合养殖生态系统。如秸秆喂牛—粪作蘑菇培养基—菇渣养蚯蚓—蚯蚓喂鸡—鸡粪喂猪—猪粪肥田、粮食喂鸡—鸡粪喂猪—猪粪养蚯蚓—蚯蚓养鱼—塘泥肥田。

早在20世纪70年代，饲料、家畜、沼气的复合畜牧生产模式在我国农村和城镇郊区开始盛行，各种小型沼气池相继建立，沼气燃料也广泛应用起来，我国曾有"沼气之乡"的美誉。最典型的例子就是北京郊区大兴县留民营村。用混合畜粪发酵制沼气，然后综合利用沼渣肥田，形成了复合农牧生产系统。如江苏里下河地区农科所承担的"蚯蚓生态链控制畜粪污染产业化示范项目"，采取蚯蚓三群分养规模养殖技术，每亩不但可消化30头奶牛产生的粪便，每年还可采收2 500千克蚯蚓。研制的蚯蚓型奶牛健体增乳饲料添加剂，又可使中低产奶牛乳量提高5%～10%，从而形成了一条牛粪—蚯蚓—奶牛饲料高效生态链。

随着畜禽养殖业的不断发展，饲料尤其是蛋白饲料不足，以及畜禽粪便对环境的污染日益严重，寻求廉价的蛋白饲料和粪便无害化成为畜禽养殖业面临的急待解决的问题。而蚯蚓自身的特点及其在处理有机废弃物方面的高效、无二次污染等诸多优点充分证明，蚯蚓在畜牧业和环保领域的应用前景将更加广阔。

（一）蚯蚓立体养殖类型

按照与蚯蚓养殖结合的作物种植畜禽饲养和池塘养鱼种类不同，可以区分为以下3种立体养殖类型。

1. 蚯蚓在渔、农综合经营中应用 在鱼与陆生作物（或饲草）鱼与蔗、鱼与果、鱼与花综合经营的过程中，蚯蚓以"转化器"的作用，把水陆连成营养链（图4-1）。以鱼与作物综合经营为例，作物秸秆和鱼塘泥都

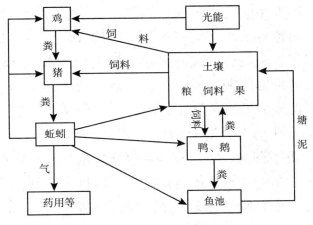

图 4-1　蚯蚓的良性循环作用

是副产品，利用作物秸秆和鱼塘泥养殖蚯蚓，既处理转化了这些废弃物，又为养鱼提供了优质动物蛋白，蚯蚓粪返田。鱼与蔗综合经营是在鱼池边种甘蔗，塘泥作蔗地的肥料，以蔗叶和蔗尾（顶端幼嫩部分）喂鱼外，其他废弃物用于养殖蚯蚓养鱼。这种类型在广东最为普遍，当地称"蔗基鱼塘"。蚯蚓粪作为鱼池堤面种各种果树或种花（或盆花、苗木等）的肥料。上述种植各种作物的堤面土壤中的部分有机质和养分，随降水形成的径流，又以泥沫的形态返回鱼池。这样，堤面和鱼池中的物质，周而复始地循环，构成水陆相互作用的复合人工生态系统。

2. 蚯蚓在渔、牧综合经营中应用　主要有鱼—畜—蚓—鱼、鱼—禽—蚓—鱼综合经营等类型，都是各地较为普遍的做法。在池边或池塘附近建猪舍、牛房或鸭棚、鸡棚，饲养猪、乳牛（或肉用牛、役用牛）鸭（鹅）鸡等。利用畜禽的废弃物养殖蚯蚓，构成高效生态链，使养鱼和畜、禽饲养协调发展，降低生产成本，并减少了对环境的负面影响。在鱼、畜、禽结合中，有的还采取畜、禽粪尿的循环再利用，如将鸡粪作猪的饲料，再用猪粪养蚯蚓，以节约精饲料。

3. 蚯蚓在渔、牧、农综合经营中应用　以蚯蚓为核心将渔、农、牧的形式结合起来，以进一步加强水陆相互作用和废弃物的循环利用。主要有鱼—畜（猪、牛、羊等一种或数种）—草（或菜）—蚓，鱼—禽（鸭、鸡或鹅）—草（或菜）—蚓，鱼—桑—蚕等综合经营模式。前两种类型在各地较为普遍，都是以草或菜喂鱼和畜禽，畜禽粪用来养殖蚯蚓，蚯蚓用于养殖或进行更多层次的综合利用。例如，牛—菇—蚓—鸭—鱼模式是利用牛粪种蘑菇及养鱼，蘑菇采收后的培养土用来养蚯蚓，蚯蚓养鸭，鸭粪再养鱼。鱼—桑—蚕类型因要求的条件较高，故分布不及前两种普遍，过去主要集中在珠江三角洲和太湖流域，目前分布区域有所扩展，这种类型在广东地区称"改进型桑基鱼塘"。

（二）蚯蚓生态农业常见模式

1. 牛—蘑菇—蚯蚓—鸡—猪—鱼模式　利用野草、稻草或牧草喂牛，牛粪作蘑菇培养料，用蘑菇收后的下脚料培育蚯蚓，将蚯蚓喂鸡，鸡粪发酵后喂猪，猪粪发酵后养鱼，养鱼塘泥作肥料。

2. 家畜—沼气—食用菌—蚯蚓—鸡—猪—鱼模式　秸秆经氨化、碱化或糖化等方法处理后饲喂家畜，家畜粪便和饲料残渣用来制沼气或培养食用菌，利用食用菌下脚料繁殖蚯蚓，将蚯蚓喂鸡，鸡粪发酵后喂猪，沼气渣和猪粪养蚯蚓，将残留作养鱼或作肥料。

3. 果园养殖蚯蚓模式　施与果树盘下的有机垃圾、粪便、烂草、树叶等是蚯蚓的好食物，蚯蚓粪是理想的有机肥。蚯蚓还可制成干品作药材或直接出售获利，也能作禽类的好饲料。在果园养蚯蚓，省工、省地、省钱，增加收入，增加地力，值得大力推广。

4. 禽—蚓—菇—鱼模式　江苏如皋县高井乡某农民，1984 年搞立体开发，综合利用，收效很大。

（**1**）**一地三用**　笼养鸡 3 000 多只，鸡笼安放在离地 66.7 厘米高的空中，使鸡笼通风、透气，阳光充足。鸡粪发酵处理后，放在鸡笼下饲养蚯蚓，蚯蚓用于喂鸡、鸭。在鸡笼上面搭葡萄架，共节省葡萄占地面积 340 米^2。

（**2**）**一水三用**　该农民利用屋后一条河和承包的 2 亩水池，河与水池里放养鸭，鸭的粪便喂鱼，河塘上空搭葡萄架。

（**3**）**一料三用**　鸡粪除用于养蚯蚓外，剩余的喂养 22 头肥猪，用猪粪种蘑菇、产沼气，用沼肥养鱼。

这样养一只鸡节省成本 1.8 元，养一头猪节省 55.4 元（按当时价格计，下例皆同）。

5. 粮—鸡—鸭—貂—蚯蚓模式　辽宁铁岭县腰保乡一户农民，1984 年承包 12.4 亩土地，养鸡 400 只、养鸭 300 只、貂 15 只、蚯蚓 2 万条。建立起粮—鸡—鸭—貂—蚯蚓五位一体的链式养殖体系。他们用孵化中的废蛋 2 600 个代替肉食喂貂，用貂粪 1 500 千克代替精饲料喂鸡、鸭，在鸡舍暖池里饲养 2 万条蚯蚓作鸡、貂、鸭的上等饲料，40 米³ 的优质鸡、鸭粪下地肥田。1984 年产粮 7 000 千克，孵鸡鸭雏 19 266 只，销售种蛋、商品蛋 39 200 个，出售种鸭 250 只，貂 15 只。年终收入 26 268 元，纯收入达 15 028 元。

6. 鸡—猪—蚓—鱼—粮模式 河北省泽县王庄村某农民采取鸡、猪、鱼及粮食综合经营，使生产成本降低 40%，饲料节省 50%，效益高，获利大。1989 年春，该农民承包了 10 亩鱼塘，养了 2 头猪，80 多只鸡，用鸡粪喂猪，猪粪养鱼，创出一条节粮型种养新路子。其做法如下：

（1）鸡粪喂猪 取鸡粪 70%，玉米面 15%，谷糠 10%，麸皮 5%，混合搅匀，入缸封口发酵，温度控制在 20～30℃之间，当鸡粪发酵色呈黄绿、没有臭味时即可。用鸡粪喂猪，每头猪可节粮 125 千克，降低成本 100 元以上。

（2）猪粪养鱼 将猪粪收集成堆或入坑发酵，再投入鱼塘，使水变肥，不久浮游生物便大量繁殖起来，为塘中的鲢鱼、鳙鱼等上层鱼类直接吸收。每千克鱼可节粮 50%，生长期可提前 3 个月。

（3）废弃物养蚯蚓生产动物饲料 在农业生产过程中产生的无法利用的秸秆、粪便等废弃物被蚯蚓转化成动物饲料，用于养鸡和养鱼，极大地降低了饲料成本。

（4）**塘泥肥田**　在冬季，抽干塘水，捕净鱼后将塘底过多的淤泥挖出，分散放置于塘埂上，晒干后打碎撒到田里，肥田壮苗，即节省了资金，又避免了土壤板结现象，亩产量可达 500 千克。该农民每年大约有 2 500 千克粮食作为鸡、猪、鱼的饲料，投入养殖业，养殖业又为种植业提供了大量的农家肥，实现了养鸡、猪、鱼和种粮的良性循环。

7. 庭院型种养能源配套模式　1986 年，上海崇阳县 1 户农民，3 口人，承包责任田 4 亩，以养殖业为主，养种结合，农、牧、渔、沼综合经营，形成生态、经济良性循环的立体生产体系。其做法是：

（1）**"海陆空" 全面规划**　利用房前屋后空闲地在庭院里上下左右、水陆空统一安排，种、养、沼综合利用。建成 140 米^2 的新型畜舍，内装栏圈，外悬笼巢，左设鱼池，右建果园，树下养蚯蚓。中间建一个 6 米^3 的沼气池，前靠厨房，后接猪圈。养殖肉鸽 350 对，鸭 40 只，鹅 5 只，肥猪 4 头，母猪 2 头，蚯蚓 10 万条；种植果木 100 多株。

（2）**资源综合利用**　该户按照生态经济规律组织生产，充分利用自然资源，挖掘出废弃物再循环利用的潜力，建成一个高效益的生态体系。将人畜禽粪和绿色作物的废弃物作原料，加入沼气池发酵，产生沼气，烧水做饭、照明，一年可节省柴 2 500 千克，电 120 度。而且池中肥水养鱼，沼渣养殖蚯蚓，为养猪、养鸭等提供蛋白饲料，蚓粪为果、粮作物的有机肥。建成种、养、能源配套，生物能量与物质多层次利用的最佳模式。不但减少了化肥用量，避免了土壤板结和环境污染，而且培养了地力，提高了单位面积产量。全年早晚稻连作 3.8 亩，亩产早稻 425 千克和晚稻 450 千克，分别比 1985 年增加 75 千克和 140 千克。上市鸡、鸭、鹅 175 千克，肉鸽 250 对，鱼 100 千克，猪肉 425 千克，仔猪 4 窝。

8. 生态猪场　具体做法：将猪场猪粪用蚯蚓处理后，转化为动物蛋白饲料，养猪场的污水（粪尿和冲圈水）引入高耐肥水的水葫芦池内，净化为二级肥水；再引入细绿萍池内净化成三级肥水；然后将含大量浮游生物的三级肥水引入鱼、蚌、蟹池或稻田内，净化成四级水；经四级净化水基本变为清水，最后回到猪舍重复使用。这一近似"零排放"良性循环，使猪舍非常洁净，水生植物生长茂盛，池塘内鱼大蟹肥，稻谷丰收，使物质和能量都得到充分利用，制造出更多的使用价值和效益，达到了良性循环与生态循环的统一。

七、蚯蚓深层高密度养殖新技术

笔者自 1985 年把"大平 2 号"蚯蚓引进山东沐浴水库处理鹿粪和水果加工废弃物以来，经过几年对其生活规律、繁殖习性等进行的详细观察，对蚯蚓在人工养殖条件下的高产生态因子的系列研究，揭示了许多的蚯蚓丰产生态特性。根据这些蚯蚓高产养殖理论研究成果，并参照国内外有关资料，经数十次的设计验证和改进，摸索出一套蚯蚓高产养殖系列技术。该技术成果获得 1993 年山东省科技进步二等奖，该系列技术包括：露天高产养殖、温床塑料大棚高产养殖与周年循环养殖。其技术要点为：

（1）深层高密度养殖（生产群）。养殖深度由常规的 20 厘米加深为 50 厘米，养殖密度由常规的 1.5 万～2 万条 / 米^{2}加大到 3 万～5 万条 / 米^2。

（2）采用种蚓、生产蚓分开养殖，全进全出，连接作业养殖工作。

（3）选用含有牛粪、食用菌渣、果渣最佳饲料因子的高产优质蚯蚓饲料配方。

（4）最佳收获期（蚯蚓刚出现环带）适时收获，缩短养殖周期，提高经济效益。

（一）高产养殖技术与工艺

1. 养殖池选择与建造　养殖场地选择背风向阳处，冬暖夏凉，无直射阳光，能防敌害，不积水而又通风的地方。采用半地下养殖池（图 4-2）养殖。每个养殖池面积 2 米 × 10 米，深 55 厘米、地下部分 30 厘米，地上部分 25 厘米。床面下挖 30 厘米取平后，挖 5 股暖道，每条道宽 20 厘米，两条边道各距南北边沿 10 厘米。隔墙宽 20 厘米，两边道在两头向内弯与二、四两条暖道

相通，二、四 2 条暖道汇至中间一条道。各暖道与两边道有横道相通，相间安排，间距 33 厘米。床侧各建一

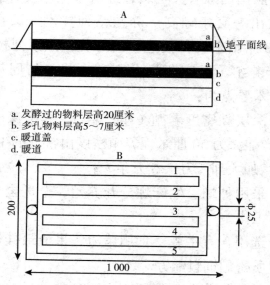

a. 发酵过的物料层高 20 厘米
b. 多孔物料层高 5～7 厘米
c. 暖道盖
d. 暖道

1-5：暖道 20 厘米宽，15～20 厘米深，之间形成交叉

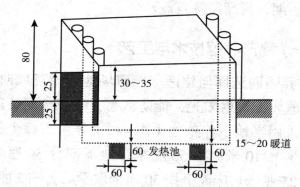

图 4-2　底部有发热池和回龙暖道的养殖池结构 （单位：厘米）

上图：仰视图　下图：侧视图

个底口径 25 厘米、上口径 15 厘米、底部与中间通道相通的换气口，暖道上铺箔或硬质秸秆。秸秆上撒一层草备用。

2. 饲料加工调制

（1）**备料**　饲料原料就地取材、因地制宜。基本配方：牛粪 70%、麦秸草 20%、食用菌渣或木屑 10%（间起疏松剂作用）。同时要求去杂、碎细。麦秸草切短、鲜牛粪先晒几天，减少异味。调整碳氮比，各种基料的搭配原则，除参照饲料配方外，还要计算各种基料的碳氮含量，按碳氮为 20～30 调整基料搭配比例。

（2）**发酵**　采用堆积法。将上述配料加水拌和，混合后料含水量保持 50% 左右。混合料堆积在避风朝阳处，发酵堆宽 1.2～1.5 米，高 1 米，长依量而定，自然堆积，不压实，堆表面覆盖未切碎的麦秸草或塑料薄膜，防干保温，以利微生物分解。

（3）**翻堆**　发酵期间进行料温变化监测记录。当料温升高至 50～70℃而后下降时，进行翻堆，将料内外上下翻匀，特别将四周未发酵好的饲料翻入堆中。翻堆 2～3 次后，料温不再升高，呈黑褐色，质地松散，无恶臭，不黏滞，即为饲料已腐熟标准。

（4）**调整 pH 值**　pH 值 6～8 较适宜，过高过低都不适宜。调 pH 值时多用自来水淋洗饵料，待下部流出黑水为止。这样既调节了 pH 值又洗去了发酵过程中产生的有毒物质，还调整了饵料含水量。饵料保持含水量 60%～70% 备用，防止干燥结块或发霉变质。

3. 养殖方法

（1）**试饵**　向养殖池投料之前，先将饲料堆摊开、通气。为确保安全，先做小样试饵，即取大小蚓各 50 条置于上述饵料中，经 2～4 小时观察生活是否正常，经 4 小时后全部进入饵料，一切正常，方可使用。

（2）**投料**　养殖池底部，通气道上方先投 5～7 厘米食用菌渣或木屑，再投 18～20 厘米饲料，再平铺 5～7 厘米食用菌渣或木屑，上面再投 18～20 厘米饲料。

（3）**蚓种投放**　品种为"大平 2 号"。可以放成蚓，早春一般取种蚓床的蚓茧、幼蚓、蚓粪（占总体积 1/3）混合物较好，折合每平方米投放幼蚓 8 000 条、蚓茧 14 500 个，折幼蚓共 4.425 万条 / 米²（按每个蚓茧孵化出 2.5 条幼蚓计算）。

（4）**管理**　试验期间每天测定外界温度及饵料层温度（10 厘米处），根据饵料层干湿情况，每天喷洒 1～2 次自来水，保持温度。每星期用土壤酸度计测量 1～2 次饵料层的 pH 值。投蚓种 1 月后，注意饵料变化情况、粪化程度，适时清除蚓粪并投鲜饵以保证饵料厚度。后期注意检查蚯蚓生长情况及是否出现环带及时收获。

4. 试验结果

按上述高产养殖方法，1 个养殖周期历时 90 天。根据试验结果（5 月 3 日开始，8 月 1 日结束），试验期间，饵料层最高温度 30℃、最低温度 19℃、平均温度 24.8℃；饵料层最高湿度为 73%，最低 54%，平均湿度为 64%；饵料层的平均 pH 值为 6.8。深层高密度精养 2 个试验池。折合亩产 5 253.9 千克，较常规池养方法提高产量 74.3%。在生产上较大面积达到这种水平，这在蚯蚓养殖上是一个突破。总结如下：

（1）在增加养殖深度的基础上加大养殖密度，从本试验的面积看，密度是增加了 1 倍。但若从容积看密度则没有增加，即蚯蚓仍然有适宜的活动空间。故计算蚯蚓密度时，按单位容积计算更合理些。

（2）以增重为目的的生产群从蚓茧开始到性成熟（出现环带）即最佳收获期，在平均温度 24.8℃、湿度 64% 条件下，为 70～80 天。这与小面积盆养试验基本一致，但在大面积生产中，蚓茧间孵化时间有差异，造成 80 天时有 10%～15% 幼蚓未出现环带，故 90 天时收获。这样有部分成蚓超过最佳收获期。

（3）通气是深层高密度饲养的技术关键之一。本试验床下设通风道，饲料中加有 10% 疏松剂料，投料时又设 2 层食用菌渣疏松层，提高了饲料层的通透性，有利于蚯蚓的生长。

（4）合理的管理措施是高产的保证。尤其是饵料为蚯蚓赖以生存、生长、繁殖的基础。牛粪、麦秸草、食用菌渣、果渣、锯末等多种饵料充分发酵，这样的饵料营养较全面，且具有松、软、细、烂的特点，蚯蚓易食喜食。放养 1 月后，对饵料定期进行翻松（10～15 天），使上下层饵料充分利用，同时使上下层饵料温、湿度保持一致。每次翻松前先清除蚓粪、并及时补充新饵料。一般投蚓种后 1 个月内不翻动，以利于蚓茧的孵化。

（5）生产群和种蚓群分开养殖，避免了传统混养法由于成蚓、各种幼蚓、蚓茧、蚓粪混在一起，不易分离，混合利用，生产效率低的缺点。生产群的蚓种来自种蚓群的同一批蚓茧或幼蚓，便于管理，便于采收。只有在种蚓和生产蚓分开管理的基础上，才能获得高产。根据生产蚓小面积盆养试验结果，若温度降低些（由本试验的24℃降为18℃），饵料pH值适当提高（由本试验的6.8提高到8～9），增重效果可能还要好。

（二）温床塑料大棚蚯蚓养殖与周年循环生产

温度是影响蚯蚓生存繁殖的主要因素。研究表明，蚯蚓生存的最适温度为18～28℃，低于3℃停止活动，低于-3℃即死亡或冻僵。我国北方冬季和早春外界气温较低，不适宜蚯蚓生长，一年往往只有6个月的养殖期，致使全年产量不高，且成蚓供应不连续，给以蚯蚓作为原料的饲料厂的生产造成困难，影响蚯蚓养殖的大面积推广。

为了进一步探索蚯蚓的周年循环养殖，他们在借鉴国内外养殖方法的基础上，创造了温床塑料大棚蚯蚓养殖与周年循环养殖法，即5月初至10月底露天养殖，11月至翌年4月底对养殖床略加改造，进行温床塑料大棚养殖，取得了周年生产、年亩产达1.5万千克鲜蚓的良好效果。

1. 温床塑料大棚养殖池的建造 养殖床东西长10米、宽2米。在上一养殖期过后，清理干净养殖床，包括通风道上面的铺箔。在深层高密度养殖床的基础上在床中间挖长、深各60厘米的贮热池（与床面宽相同），池内填充生马粪等酿热物。原来的通风道变成5条回笼输热道，输热道上面铺箔或硬质秸秆，上面铺5～8厘米马粪与食用菌渣或木屑混合物。床北面及东西两端和泥土或砖筑墙，北墙高80厘米，南墙高20～25厘米，墙内涂黑，以利吸热，墙上搭支架，再覆盖双层塑料薄膜。南北模墙间各留间隔均匀的调温孔5个，每个20厘米见方，用来通风调温。

2. 温床塑料大棚养殖的饲料调制加工、投料、管理　温床塑料大棚养殖的饲料调制加工、投料、管理基本同上述的露天深层高密度养殖。除日常管理外，注意严冬夜晚加盖草帘，温床四周（外侧1米）挖好排水沟。晴天上午8时左右掀开草帘，接受太阳辐射热能，待床内温度过高时，打开通气孔散热，下午3时左右盖好草帘。阴雨风雪天不揭帘、不开气孔，注意保温。

3. 周年养殖生产过程　在我国北方，全年可划分为4个养殖周期，每个周期大约3个月。11月份至翌年1～2月份，和3～5月份2个养殖周期采用温床塑料大棚养殖。11月份一次投蚓种，两次收获。2月1日收获1/2面积补加新料。5月初全池收获。5月至8月初和8月至10月底2个养殖期采用露天养殖投放新蚓种，90天后一次性收获（图4-3）。

4. 产量及分析　以山东的试验情况为例，对蚯蚓周年养殖生产进行分析。

（1）温床塑料大棚的增温效果　温床塑料大棚养殖

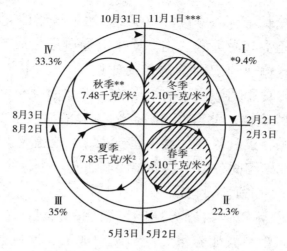

图4-3　我国北方蚯蚓周年生产

*—占全年总产量比例

**—各养殖期产量

***—各养殖期开始时间

床是利用透过塑料薄膜的太阳辐射热能，提高床内温度。由于床内外温差产生虹吸现象，热空气由贮热池流经输热道，床上饵料吸收并贮存大量热能，因而使床温明显提高，同时空气的流动促进了贮热池和床底层酿热物的分解，产生了大量的热能，进一步增加了床温，从而保证了蚯蚓正常生产繁殖的温度需要，这是一种充分利用太阳能辅以生物能的新型养殖方式。

温床塑料大棚明显提高棚内气温和床温。12月31日至翌年1月30日棚外平均气温4～6℃，棚内气温则保持4～12℃，10厘米处床温保持8℃以上。分析塑料大棚内气温、床温、贮热池内马粪发酵及棚外气温变化可以看出，床温变化幅度较棚内气温变化幅度小，即棚内气温往往随着棚外气温变化而变化。床温则由于床底的发酵热和太阳能提供上部热能，双重作用较恒定，较外界气温平均提高 3～14.5℃。棚内温度随着太阳高度角的日变化和外界温度的变化而发生变化。从典型天气温度日变化看，棚内最低温度出现在清晨 5～6 时，从 7 时开始有微弱升温，8 时后升温迅速，10 时以后即可达到 30℃。在密闭情况下，棚内最高温度出现在 12～14 时，可达 41.5℃，比外界温度高 24.5℃，通风状态下为 32.5℃。塑料大棚中午的通风是很必要的。

（2）温床塑料大棚养殖床床温变化　棚内床温的变化直接影响蚯蚓的生活与增重。一天内最高地温、最低地温出现的时间较气温的出现迟 2 小时，5 厘米床温月变化最剧烈昼夜温差达 20℃以上，10 厘米以下地温比较稳定。棚内床温变化在整个养殖期（90 天），10 厘米处平均床温 14.6℃。在 2 月 2 日至 5 月 2 日养殖期间 10 厘米处平均床温 18.8℃。完全适宜或较适宜蚯蚓生长发育。

（3）蚯蚓周年高产养殖结果　试验从 11 月 1 日开始到翌年 11 月 1 日结束，共收获 4 次。第一次收获在 1991 年 2 月 1 日，先用 0.9 米² 的测产木板框，按不同收部位取 3 个点测产，再相间收获 6.3 米²，收取时先定好点，划出待收范围，然后连同饵料一起取出，取出后利用光赶并结合上到下驱法把蚯蚓从饵料中分离出来，称量计数。收取后的空间以新饵料补充，其他区域蚯蚓很快进入采食。第二次收获于 5 月 2 日进行，全池收获。收获前用测产框分 6 个点测产（测产面积 5.4 米²）。第一、二次养殖周期采用温床塑料大棚养殖，清床并修整后于 5 月 3 日进行第三次养殖投种。第三次收获期为 8 月 1 日，全池收获。第四次养殖期于 8 月 2 日开始，10 月 28 日收获。第三、第四次收获测产方法基本同第二次收获情况。第三、第四次养殖采用露天深层高密度养殖法。各养殖期蚯蚓放养成蚓收获及产量情况见表 4-1。

从表 4-1 中收获结果看：经过 1 周年的连续养殖、分期收获，总养殖面积 140 米²。经过 37.8 米²测产，平均每平方米产鲜蚓 22.50 千克，折合年亩净产 1.5 万千克，其中第一次收获占总产量 9.4%，第二次收获占总产量 22.3%。第三、第四次收获分别占总产量 35.0% 和 33.3%。基本符合动物养殖业饲料供需规律，尤其与养鱼生产的饲料蛋白的需求量变化相吻合。

从养殖方式看，经第三、第四养殖期的露天深层高密度养殖较好，产量占全年产量的 68%。这主要是温度适宜，料床通气性好，温度等易控制。本次试验温度塑料大棚养殖产量没有达到理想产量值，原因之一是由于种蚓越冬池 2 月份正值严冬，不便取茧（茧产量也低），故 11 月 1 日一次投蚓种（折合幼蚓每平方米 5 万条），二次施用，这样就可能使第一养殖期密度偏高，第二养殖期密度偏低；原因之二是昼夜温差变化较大，通气性差。上述问题尤其是保温与通气的矛盾如何解决，有待于以后进一步研究。

5. 经济效益分析　两个试验池面积 140 米²，根据

表4-1　蚯蚓周年高产养殖结果

养殖池	养殖期（月）	放养情况			收获情况				
		幼蚯蚓数量（条/米²）	幼蚓重（克/米²）	蚓茧数量（个/米²）	收获面积（米²）	测产面积（米²）	蚓重（克/米²）	净增重（克/米²）	折亩产量（千克）
1号池	11至翌年1	15000	2880	14000	10	2.7	4995	2115	1410
	2~4				20	5.4	8190	5260	3506.8
	5~7	8000	1234	14500	20	5.4	9175	7941	5294.2
	8~10	5500	794	14800	20	5.4	8258	7464	4976.2
	全年合计	28500	4908	43300	70	18.9	30568	22780	15187.2
2号池	11至翌年1	15000	2652	14000	10	2.7	4746	2094	1396.1
	2~4				20	5.4	7299	4647	3198.3
	5~7	8000	1155	14500	20	5.4	8978	7820	5213.6
	8~10	5500	820	14800	20	5.4	8327	7507	5004.9
	全年合计	23500	4627	43300	70	18.9	29350	22068	14812.9

注：1. 2号池第二养殖期2月14~16日养殖池一角塑料薄膜被风掀起，造成部分蚯蚓冻僵。

2. 含有1/3的接近性成熟的大蚓

3. 测产时间为10月18日

实测计算，每平方米产鲜蚓 22.5 千克，年需饵料 1.5 吨，饵料与蚓粪的比例为 2∶1，即每平方米蚯蚓可产蚓粪 0.75 吨 / 年。收入盈余情况（按照 2012 年河北石家庄地区价格计）如下：

年产鲜蚓：22.5 千克 × 10 元 × 140 米² = 31 500 元
年产蚓粪：0.75 吨 × 300 元 × 140 米² = 31 500 元
合计收入：63 000 元

饵料消耗：1.5 吨 × 30 元 × 140 米² = 6 300 元
建池材料费：2 000 元
水电费等：100 × 12 个月 = 1 200 元
工人工资：2 000 元 × 12 个月 + 临时用工 200 元
　　　　 = 25 200 元
合计支出：34 700 元
盈余：28 300 元

由于目前蚯蚓、蚓粪销售价格波动很大，上述按照每千克蚯蚓 10 元、蚓粪 300 元销售价格偏低。蚓粪在北京、天津、上海等大城市主要作为优质的有机肥销售，每吨 300～1 000 元。花卉专用肥则价格更高。若蚯蚓养殖和养牛（猪、鸡）结合起来，不仅自己解决了动物饲料蛋白源，而且养蚯蚓需要的粪便可就地解决，减少了费用开支，则经济效益更佳。

（三）小　结

蚯蚓高产养殖系列技术包括深层高密度养殖、温床塑料大棚养殖和周年循环养殖。解决了蚯蚓养殖中产量低、生产不连续这两个多年来一直未解决好的问题。为生产上大面积推广，以解决饲料工业中动物蛋白源缺乏问题开辟了广阔的前景。

该系列养殖技术，简便易行，成本低，特别适于广大农村或养殖场推广，既处理了有机废弃物，又生产了动物蛋白，化害为利，改善了环境，一举多得。

蚯蚓高产养殖系列技术高产原理主要是满足了在人工养殖情况下，蚯蚓对各种生态因子的需求。根据试验结果看，影响蚯蚓生长繁殖最主要的因子是温度、饵料和活动空间。

该养殖系列技术较好地解决了以下几个问题。

（1）温床塑料大棚较好地解决了冬春季温度太低，不能养蚓的问题，增温养殖延长了蚯蚓养殖时间。

（2）以牛粪、食用菌渣、果渣为主要成分的高产优质饵料配方，满足了蚯蚓对饵料的要求。

（3）深层高密度养殖解决了养殖密度与生活空间的矛盾。

（4）种蚓、生产蚓分开，全进全出，连续作业，可以按蚯蚓繁殖规律和生长发育规律分别管理，使各环节之间既有密切的内在联系，又有不同的操作管理内容。这样种蚓繁殖率高，生产群生长快，发育也较整齐，使蚯蚓养殖形成了比较完善的管理工艺。

（5）最佳收获期适时收获，利用蚯蚓生长增重规律和阶段增重优势实行短期高密度养殖，增加了年采收提取次数，防止了养殖床内蚯蚓过载而减产，使其经济效益最佳。

（6）蚯蚓种的更新和周期轮换，避免了在同一个床位养"老蚯蚓"或"三室同堂"而形成种群的自然衰退。

（7）从粗蛋白质产量看，按高产养殖技术亩产含蚯蚓 10 000 千克，鲜体蚯蚓粗蛋白含量近 10%计算，则一年亩产粗蛋白质可达 1 000 千克，并含有 18 种氨基酸，营养成分比较丰富而全面。一亩粮田年产 450 千克小麦、550 千克玉米。籽实粗蛋白含量按最高数小麦 13.6%、玉米 9%计算，一年也只能生产小麦粗蛋白质 60.75 千克、玉米粗蛋白质 49.5 千克，合计 110.25 千克。养蚯蚓与种粮食作物相比要增加 9.3 倍，而且人工养殖蚯蚓不占用良田面积。从我们养殖结果测定，蚯蚓高产养殖系列技术的高产效果达到了，露天高产养殖一个养殖周期每平方米产鲜蚓 7.9 千克，折亩产 5 354 千克；温床塑料加大棚周年循环养殖，每平方米年产鲜蚓 22.5 千克，折合亩产为 15 000 千克，比种植任何经济作物的经济效益都高。该技术在生产上大面积推广也是可行的。该成果获得山东省科技进步二等奖。目前已有十几个省份推广，取得了较好的经济效益和社会效益。

八、药用地龙的养殖

地龙是我国重要的中药材之一。最早的中药学专著《神农本草经》中收载的 67 种动物药中就有蚯蚓。在《神农本草经》列为下品，具有清热定惊、通络、平喘、利尿的功效。常炒制后用于高热、神昏、惊痫抽搐、关节痹痛、肺热喘咳、尿少水肿、高血压等症。主含多种氨基酸。由于生品腥味太重，故入药一般需经炒制。陶弘景谓："若服干蚓，须熬作屑。"传统用地龙，制法很多，主要有药制、醋制、熬制、酒制、油制、蛤粉炒制、盐制等法，使其质地松泡酥脆、去毒性、矫正臭味及便于煎制服用。

养殖参环毛蚓虽然要求条件不高，但由于它在野生条件下的生长繁殖规律没有完全搞清楚，目前尚未成功地大规模完全人工饲养。小规模的暂养一般用饲养土。即用发酵腐熟的有机废物和菜园土等混合而成。要求含水量在30%左右，pH 值以 6.8～7.6 为宜。饲喂的有机废物如作物的秸秆、落叶、畜禽粪便等需经过发酵处理后，才能被蚯蚓利用。养殖密度不可过大，温度以 21～25℃为最适产卵温度。饲养 2～3 个月后，要用框筛法、饵诱法、刮粪法等将蚓粪、蚓茧及蚓体分开。目前可以用大田增殖的方法，即选择主要分布区，保护好生存环境，不用农药和化肥，增施有机肥，在甘蔗、香蕉地等采用台田种植，促使种群扩增。达到一定密

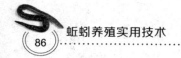

度，隔年收获。

九、蚯蚓病虫害及敌害防治

蚯蚓是一种生命力很强的动物，常年生活在地下，疾病很少，只有几种病，而且这几种病都是人为造成的，为环境条件或饲料条件不当造成的"条件病"。这类病只要调整一下条件就可以解决，几乎不用药物治疗。有些病虫害及敌害则需要药物控制，现介绍如下。

1. 饲料中毒症　发现蚯蚓局部甚至全身急速瘫痪，背部排出黄色或草色体液，发生大面积死亡，这是新加的饲料含有毒素或毒气。这时要迅速减薄料床，将有毒饲料撤去，钩松料床的基料，加入蚯蚓粪吸附毒气，让蚯蚓潜入料床底休息，慢慢就可以适应了。

2. 蛋白质中毒症　如发现蚯蚓的蚓体有局部枯焦，一端萎缩或一端肿胀而死，未死的蚯蚓拒绝采食，有悚悚战栗的恐惧之感，并明显出现消瘦。这是由于饲料成分搭配不当引起蛋白质中毒。饲料成分蛋白质的含量不能过高（基料制作时粪料不可超标），因蛋白质饲料在分解时产生的氨气和恶臭气味等有毒气体，会使蚯蚓蛋白质中毒。发现蛋白质中毒症后，要迅速除去不当饲料，加喷清水，钩松料床或加缓冲带，以期解毒。

3. 缺氧症　如果发现蚯蚓体色暗褐无光、体弱、活动迟缓，这是氧气不足而造成蚯蚓缺氧症。其原因有如下几点：①粪料未经完全发酵，产生了超量氨、烷等有害气体；②环境过干或过湿，使蚯蚓表皮气孔受阻；③蚓床遮盖过严，空气不通。此时应及时查明原因，加以处理。如将基料撤除，继续发酵，加缓冲带。喷水或排水，使基料土的湿度保持在 30%～40% 左右，中午暖和时开门开窗通风或揭开覆盖物，加装排风扇，这样此症就可得到解决。

4. 胃酸超标症 在发现蚯蚓痉挛状结节、环带红肿、身体变粗变短，全身分泌黏液增多，在饲养床上转圈爬行，或钻到床底不吃不动，最后全身变白死亡，有的病蚓死前出现体节断裂现象。这说明蚯蚓饲料中淀粉、碳水化合物或盐分过多，经细菌作用引起酸化，使蚯蚓出现胃酸超标症。处理方法是掀开覆盖物让蚓床通风，喷洒苏打水或石膏粉等碱性药物中和。

5. 水肿病 如发现蚯蚓身体水肿膨大、发呆或拼命往外爬，背孔冒出体液，滞食而死，甚至引起蚓茧破裂或使新的蚓茧两端不能收口而染菌霉烂。这是因为蚓床湿度过大，饲料 pH 值过高而造成的，这时应减小湿度，把爬到表层的蚯蚓清理到另外的池里。在原基料中加过磷酸钙粉或醋渣、酒精渣中和酸碱度，过一段时间再试投给蚯蚓。

6. 养殖床酸化综合征 养殖床酸化是目前蚯蚓养殖的常见现象。轻者引起蚯蚓生长不良重者甚至死亡。多是因饲料酸化引起的。因为蚯蚓取食了大量酸的食物，引起细菌的急剧活动，致使蚯蚓消化管内分泌碱性物质，肠道失去中和能力则发生该疾病。在蚯蚓嗉囊和砂囊内将继续发生异常发酵，往往引起蚯蚓蛋白质中毒症或胃酸过多症，其表现为全身出现痉挛状结节，蚯蚓身体变得短粗，环带红肿，全身分泌大量黏液，或在养殖场所爬行或钻入饲料底部不进食，最后蚯蚓变白而死亡。病情严重的蚯蚓还会出现体壁破裂或体节断裂或蚓茧破裂。饲料的酸化还会引起昆虫和病菌的大量滋生，如红色壁虱、白线虫等。因此，在养殖蚯蚓时，必须注意所投喂饲料的 pH 值，将之调至中性，并在日常饲养管理中随时注意观察蚯蚓反应和饲料 pH 值的变化，这是养殖管理蚯蚓极为重要的环节。简而言之，下列因素均会引起蚯蚓疾病，应予以重视：①饲料酸化引发蚯蚓疾病；②蚓床湿度太大；③饲料 pH 值过高；④线虫、绦虫等畜禽寄生虫危害蚯蚓。

上述几种疾病统称为酸碱度疾病。包括有蛋白质中毒和胃酸过多症、水肿、急性瘫痪等。表现为蚯蚓全身出现痉挛，体节、环带红肿，全身黏液分泌物增多。往往在养殖床上转圈爬行或钻到床底不吃食，最后身体变白而死亡。有的病蚓还出现体节断裂、蚓卵破裂等现象。导致生病的原因是饲料酸化、pH 值过高或饲料有毒或有毒气。因此合理配制饲料妥善管理是最为有效的防治方法。

7. 早春综合征　北方早春（四月中下旬），刚刚度过冬天，从冬眠中苏醒过来，身体比较弱，加上覆盖在薄膜内有毒有害气体浓度比较高，揭膜后温度低而且昼夜温差大，采食量小，极容易造成生长缓慢，免疫力下降，部分个体被细菌感染后就出现体色变黑、断节（断体间仍然有连接）或呈念珠状。一旦被其他病菌繁殖，就容易引起大批蚯蚓死亡。常见的是蚯蚓生殖带红肿，出现念珠状结节，体色变黑，身体缩短，若在这时把蚯蚓的身体解剖进行观察，就能发现它的消化道有破裂症状，其中的食物腐败而发酸。在这种恶劣的环境条件下，健康的蚯蚓有时会从饲养床内爬出。患病蚯蚓最后必然死亡并因为溶解酸的作用而自溶，在饲养床上竟找不到病蚓留下的尸体。发生这种情况时，蚯蚓的数量会迅速地减少。因此在病害发生之前，要进行预防，防止酸性化，病害发生以后，应及时采取抢救措施，能从改进饲养床着手，测定并调整酸碱度，耕床以增加空气的通透性，用石灰水来中和酸性，并可适量地撒以养鸡用的抗生素粉，进行消毒灭菌。但是，一旦一个养殖床发生死亡，有时整个养殖场被"传染"，有的年份造成全军覆没。我们尝试在发病初期，用水塘壁上长的青苔打碎兑水成"青苔液"喷洒，有比较好的控制效果。

8. 捕食性天敌 一是蛙类、蛇等有益生物，可用在养殖场（床）四周挖沟放水，加设护罩盖；二是鼠类、蜈蚣、蚂蟥、蝼蛄等有害生物，昼伏夜出捕食蚯蚓，可在晚上9时后人工捕捉或在其出没活动处喷洒高锰酸钾液杀死。三是蚂蚁类。蚂蚁类危害大多是由于养殖床干燥，腥臭味加浓（特别是饲喂动物性饲料时），极容易招引蚂蚁上床。可在放养蚯蚓前，在养殖床底或四周撒些石灰或含氯药粉，注意用药后在上面覆盖一层干料，防止粘连蚯蚓体而引起中毒，另外一旦施用含氯药粉后，就不要再用石灰，以免引起氯气挥发，造成蚯蚓中毒。一般撒药后药效期可保持 15 天左右。

9. 伴生生物控制　在人工饲养条件下，饲养床内酸性化以后，常有白色的线虫和红色的螨类伴生。尤其饲喂污泥时，经常发生。线虫一般对蚯蚓影响不大，可以不管。但螨类如果太多（蚯蚓床干燥缺水时严重）对蚯蚓生长影响大，要及时防治。一是放大水，螨类怕水淹，浇大水后能够降低密度。二是如果螨类密度太高，可用杀螨剂防治（按说明书用药，注意选择对蚯蚓无毒或低毒药物）。

第五章
蚯蚓生物反应器处理
有机废弃物技术

一、蚯蚓生物反应器的设计

蚯蚓处理有机废弃物涉及重建一个物质再循环过程，由于蚯蚓体内具有丰富的酶系统，肠道中具有多样的微生物区系，被蚯蚓吞食的物质经过 2～3 小时体内酶和微生物的作用，生产出小而均匀的颗粒状，含有丰富有益微生物和酶类的蚯蚓粪。同时能将部分无机态氮、磷、钾及矿物微量元素等转化为易被植物所吸收利用的有效态营养元素。

（一）设计原理

蚯蚓生物反应器的设计是基于蚯蚓在自然界转化分解动植物碎屑等有机废弃物，改良土壤以及蚯蚓的自然生物学、生态学特性，针对采用常规的方法不能高值、高效转化有机废弃物，而蚯蚓以其特殊的生物学功能与环境中的微生物协同作用加速废弃物中有机物质的分解转化设计的。蚯蚓生物反应器原理见图 5-1。

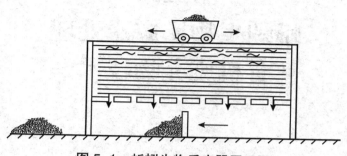

图 5-1　蚯蚓生物反应器原理图

　　人们发现，土壤中蚯蚓越多，就越肥沃。进一步的研究表明，蚯蚓为了自身的生活需要，吞食大量的有机物，经过消化和分解，排出的蚓粪为酸碱度适宜的团粒结构，具有保水、保肥、促进植物生长的性能，这样的土壤非常适合农作物的生长。

　　中国农业大学资源环境学院孙振钧教授所领导的蚯蚓生物生态试验室，20 多年来在国内外蚯蚓研究领域取得了多项科研成果，如"蚯蚓规模化高产养殖技术""蚯蚓饲用氨基酸营养液""蚯蚓氨基酸叶面肥""饲用蚯蚓蛋白预混料""蚯蚓抗菌肽的诱导、纯化及其抗病机理"等。"利用蚯蚓高效转化处理农业有机废弃物"是近年来推出的一项科研成果，利用蚯蚓生物反应器规模化处理有机垃圾和养殖场粪便已经在多地推广应用。在人工费用不断攀升的当下，该设备凸显出了巨大的应用潜力。

（二）反应器的结构

蚯蚓生物反应器最早是由世界著名蚯蚓专家爱德华滋（C.Edwards）20世纪80年代设计完成。最初在英国用于处理植物生产废弃物（土豆加工废弃物）和动物粪便。该设备仅仅是一个蚯蚓生存环境的简单外套，是为蚯蚓提供良好外部环境的设想与尝试，其为后来蚯蚓生物反应器的问世奠定了基础。20世纪90年代以来，英美科学家在原设计的基础上，对该反应器进行了机械化的装备，使之全过程运作自动化，有更高的处理效率。1998年，孙振钧教授受美国农业部资助和爱德华滋教授的邀请到美国进行蚯蚓生物反应器的合作研究。孙教授依据国内蚯蚓高产养殖技术的成果与经验，结合中国的国情，对反应器进行了进一步的改进，使之除具有国外产品自动化的功能外，成本更低，更符合我国及发展中国家推广应用。2002年，该产品获得国家专利（专利号：ZL02208871.7）。

蚯蚓生物反应器主要由3部分组成：反应器主体、加料部分和出料加工部分。该机械针对城市生活垃圾中的有机部分、农业有机废弃物的无害化、减量化、资源化为目的的生物处理技术，蚯蚓在反应器中是一种活的加工机，该技术采用中央调控器的方式自动监控蚯蚓生存小环境（温度、湿度、酸度、通气性能等），根据废弃物的产生量和蚯蚓繁殖速度、种群结构及分解不同有机废弃物的能力自动布料、出料、收集、包装，合理地将人工劳作、机械活动、蚯蚓生物学的特性结合在一起，全程自动化。

反应器的结构为：布料机位于反应器主体上部能调整加料量和湿度，并均匀分布于反应器料床上面；反应器主体是处理有机废弃物的核心，由多个单元组成，可根据处理废弃物的多少横向拆装组合，主体纵向分成两个层次，上半部分为处理主体，下面为收集装置；出料装置由筛网和刮料器组成，筛网主要起将蚯蚓粪生物有机肥分离的目的，兼有支撑蚯蚓生物反应器料床的作用，筛网上面的刮料器兼具破碎与分离的作用，刮料器在筛网上往返运动使网上的蚓粪掉落到网下再被收集器收集。收集器根据条件的不同，配备不同的收集装置，收集器与刮料器同步运行，蚯蚓粪同步收集，经过分离筛后进行进一步的加工。

采用蚯蚓生物反应器处理有机废弃物技术根据处理量的不同分为不同的层次，技术要求也不一样，以处理生活垃圾为例，一是小型蚯蚓生物反应器，以处理家庭和庭院废弃物为主，即属于源头控制型的，废弃物量少，危害小，分散；二是中型生物反应器，以处理社区、宾馆、学校等的垃圾或小型养殖场的废弃物为主，废弃物量集中，成分复杂，危害较多；三是处理垃圾厂或大型养殖场的废弃物的大型生物反应器。虽然反应器的类型不同，但不同类型的反应器处理有机废弃物的主要技术机理都是一样的。都是依靠蚯蚓和微生物的互作消化有机废弃物，技术关键点是调控优化蚯蚓的生存环境条件，保持蚯蚓在高密度条件下的持续活力。所以，所有反应器的共性技术和关键技术主要包括蚯蚓品种的选择、蚯蚓生活环境的调控和反应器管理技术。

二、蚯蚓生物反应器的管理

反应器的设计主要是为了高效处理有机废弃物，如何实现高效是孙振钧教授和其研究生研究的核心，选择什么样的品种有最好的处理效果？在保证怎样的蚯蚓种群密度下，反应器的效率最高？此外，蚯蚓的种群结构如何，需要什么样的环境条件都是蚯蚓生物反应器提高效率的决定性因素。其中 3 个重要的问题是：最适宜处理有机废弃物的蚯蚓种的选择、反应器生产和环境条件控制、有机废弃物的高效预处理。

（一）蚯蚓种的选择

在选择蚯蚓的过程中，三个影响因素必须考虑：一是蚯蚓种群呈集中分布又便于管理；二是能高密度的生长并保持旺盛的活力；三是具有高的繁殖率。在反应器环境下保持蚯蚓高密度下的持续工作是关键和难点。或者简单地说，就是作为一个活的生物群体，如何来选择最佳条件，能使它保持并且处于一种最佳的工作状态。

许多蚯蚓品种都能加工有机废弃物，从各种蚯蚓的生物学特点以及世界各地研究应用考虑，目前世界的蚯蚓从生活型分为三种类型：表居型、上食下居型和深居型。从管理的角度表居型是一个选择，其皆具集群分布、高密度生长的特性。赤子爱胜蚓成为选择对象，它是最常见的用于分解有机质的品种，广泛分布于世界上的温带地区。其生态和环境需求已进行过深入研究，易于养殖管理，适应温度范围宽，在许多种有机物中都能很好地生长、繁殖。非洲品种 *Eudrilus eugeniae* 与 *Eisenia spp.*，形体大，生长速率快，繁殖能力强，这类品种能迅速分解大量有机质并且在作为动物蛋白源方面有相当潜力，不足之处是对温度要求比较高，忍耐的最低限度为 16℃，低于 5℃后，不能生存。亚洲蚯蚓 *Perionyx excavatus*，有处理有机废弃物的潜力，是一种高产、适宜养殖的热带品种，最低的耐受温度不能低于 5℃。从我国的国情出发，20 世纪 80 年代就从日本引进的优良品种"大平 2 号"也属赤子爱胜蚓，在我国养殖范围广泛，而且蚯蚓高产养殖技术就是从它的身上实现的，但是"大平 2 号"在我国的养殖，在最初引进由于技术不成熟和商业运作的不规范，导致品种严重退化，也不能很好地适应目前处理垃圾的需要。孙振钧教授从美国购进红蚯蚓和我国养殖的"大平 2 号"进行杂交选育，并提纯复壮。为达到处理不同废弃物的目的，通过为蚯蚓提供不同的饵料诱导，选育出能适应不同要求的蚯蚓。由于垃圾的成分比较复杂，也可以采用逐渐诱导的方法，在蚯蚓最适宜的饵料中，从添加 10% 的有机垃圾量逐步提高比例，直到有机垃圾的比例占 80% 以上，通过试验发现，选育出蚯蚓处理垃圾不比处理牛粪等农业的废弃物的效率差。

（二）预处理的控制

　　蚯蚓是腐食性的动物，由于新鲜的有机废弃物来源广泛，成分复杂，而且含有对蚯蚓生长不利的因素，蚯蚓为适应这种变化会消耗太多的能量，必将影响其处理效率，有时也不能适应废弃物的这些变化，有机废弃物必须经过一定的分选、成分调整和处理杀死有机废弃物中的大量病原菌和其他有害的微生物并达到一定的腐熟度才能适应蚯蚓的处理。预处理的方法通常是堆肥，堆肥的最常见的方法有静态曝气、堆肥反应器和条形堆制3种。预处理有机废弃物必须经过一次高温发酵阶段，其有机质的含量要达到一定的要求，碳/氮应在 $20 \sim 30$ 之间，pH 值在 $6 \sim 8$ 之间，而且投喂蚯蚓前不存在厌氧的气体和高温低于 $30 ℃$。

（三）反应器的环境调控

　　反应器的设计完成只是为蚯蚓处理生活垃圾提供了一个场所，蚯蚓种的选育为处理有机废弃物处理提供了条件，但该成果的真正核心是反应器的环境条件控制和生物群落的调节，保证蚯蚓最大的活力和积极性成为研究的重心。

　　蚯蚓是非常敏感的穴居生物，它的新陈代谢和生理机能会随着环境的变化而有不同的表现。要使蚯蚓能够在反应器中处于最佳的工作状态，实际上是为蚯蚓提供最佳的环境因子保证蚯蚓旺盛的活力和吞食转化有机废弃物，这就要从研究蚯蚓生物学特点和生态学特点开始，蚯蚓在什么样的环境条件下最活跃呢？从 1999 年第一台蚯蚓生物反应器诞生，经过两年多对不同的有机废弃物、不同规模在不同模型控制不同的条件的试验研究，尤其在落户到天津西青区和曲周试验站的反应器进行的中试试验，摸索出蚯蚓生物反应器的环境条件范围（表5-1），即蚯蚓在处理有机废弃物过程中种群及其生物群落的变化过程。这些生态因子是相互作用、相互影响综合地对蚯蚓生物反应器和处理有机废弃物产生作用。

表 5-1　蚯蚓处理垃圾的最佳环境因子

环境因子	pH值	温度（℃）	湿度（%）	碳/氮	氨（毫克/克）	盐分（%）	蚯蚓密度（千克/米²）	加料厚度（厘米）
范围	5～9	15～30	60～70	20～30	低于0.5	低于0.5	低于40	4～6
最佳条件	6.5	25	65	23	—	—	低于25	4

（四）反应器的运行调控

反应器的工作流程是将堆肥化处理的适合蚯蚓食用的有机废弃物，通过布料机，均匀布置在反应器的主体的表面，控制反应器的环境条件，利用蚯蚓的生物学特性到反应器饵料的表面处理，经过蚯蚓的转化处理，变成蚯蚓粪，反应器装满后，通过刮料器和收集器取出蚯蚓粪，同时每天添加新料，使反应器中的物料量保持动态平衡，而能进行连续生产。蚯蚓粪依据其功能特性可加工成不同的功能肥料。

三、反应器的类型及应用范围

一个标准反应器的主体规格是 20 米 × 2.5 米 × 1 米。日处理有机废弃物 6 吨，同时生产生物肥料 4～5 吨 / 日，年产蚯蚓有机肥 1 800 吨。针对不同的废弃物来源可利用不同蚯蚓生物反应器，主要的有大、中、小 3 种类型，其使用范围和自动化程度差别很大（表 5-2）。大、中、小 3 种蚯蚓反应器分别是针对社区和集约化养殖场、学校和宾馆以及家庭使用。处理废弃物的规格可根据废弃物的来源、环境条件甚至艺术要求自行设计。

表 5-2　几种蚯蚓处理废弃物方式的比较

反应器类型	处理效率	自动化程度	技术关键点	适用范围
大田养殖处理	低	无	管理难度大，需要投入大量的人工	农村地区
大型反应器	高	高	反应器的生物群落控制和环境调控	垃圾处理站和集约化养殖场
中型反应器	高	有	预处理	社区、学校、饭店等
小型反应器	低	无	卫生管理	家庭

四、高效资源化有机废弃物系统

为实现高效处理有机废弃物的目的，将快腐高温堆肥和蚯蚓高效处理废弃物技术整合形成的三段生物处理与转化技术，利用堆肥的高温快腐阶段达到废弃物的无害化和减量化，该高温堆肥的最高温度可达 80℃，温度在 50℃以上维持近 10 天，足以杀死有机废弃物中的大量病原菌和其他有害的微生物，同时经过 6 天的中温微生物熟化阶段，使堆肥达到一定的腐熟，温度回落后，将预处理的废弃物加入到反应器中利用蚯蚓进行进一步的深度处理和资源化、高值化（图 5-2）。

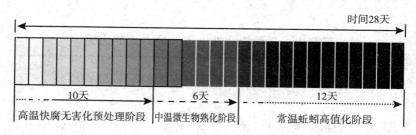

图 5-2　有机废弃物三段生物处理与转化流程图

五、蚯蚓生物反应器处理猪粪工程实例设计

新鲜猪粪尿中含氮元素 0.5%，含磷元素 0.25%，含钾元素 0.5%，另外，还有一种胡敏酸的成分，它具有胶

性，能改良土壤的团粒结构，增强土壤的蓄水和通气，有利于庄稼的生长。1 头猪 1 年排粪尿 2～2.5 吨，如折合成化肥，则相当于硫酸铵 50 千克，过磷酸钙 27.5 千克，硫酸钾 20 千克，施到地里约可增产粮食 50 千克。通过土层的过滤、土壤粒子和植物根系的吸附、生物氧化、离子交换、土壤微生物间的拮抗，使进入土壤的粪肥水中的有机物降解、病原微生物失去生命力或被杀灭，从而得到净化；同时，还可增加土壤肥力而提高作物产量，实现资源化利用。但是，畜禽粪便含水量高、有恶臭，而且氨的大量挥发造成肥效降低，病原微生物还会对环境构成威胁。土壤的自净能力有限，施用过多粪便容易造成污染，鲜粪在土壤里发酵产热及其分解物对农作物生长发育都有不利影响，未腐熟的猪粪施入土壤后，由于不稳定有机物的强烈分解，消耗根际土壤的氧气，并产生有机酸等有毒物质，抑制作物生长，有害于作物的发芽和发育。为避免长期、过量使用未经处理的鲜粪尿，而造成其中所含微生物、寄生虫等对土壤造成污染以及寄生虫病和人畜共患病的蔓延，粪便采用发酵或高温腐熟处理后再使用，一般采用堆肥技术。猪粪好氧堆肥是使猪粪在有氧条件下利用好氧微生物的作用使有机物分解，形成腐殖质同时灭活病原微生物，将猪粪转变为有利于土壤性状改良并对作物生长有益和容易吸收利用的有机肥的方法。腐熟的猪粪作为有机肥不仅可以提高作物的产量和品质，而且可以增加土壤。但猪粪含水量太高，要适于堆肥处理必须添加很多其他辅料.

以调节碳氮比和含水量等，这势必加大了容积、增加了成本。

用蚯蚓处理有机垃圾是一种古老而又新生的生物技术。目前的蚯蚓生物反应器技术有很强的处理规模化猪粪粪污的能力，能分解粪便中的物质合成生物蛋白及多种营养物质，为人类所利用，不仅具有环保价值，而且具有经济价值。有研究发现经过蚯蚓处理的猪粪，其氮素经矿化和经蚯蚓处理作用，碳氮比达到一个稳定的范围，有机氮更多的转化为硝态氮；且在蚯蚓处理过程中，一部分氨态氮转化成硝态氮，一部分挥发到大气中去，故氨态氮的含量很少；蚓粪 pH 值呈中性偏碱，适于大多数作物生长，所以经蚯蚓处理后的蚓粪不仅肥效好，而且避免直接施用畜禽粪便造成的污染。蚯蚓体含有丰富的蛋白质，是鱼、蟹等水产动物和各种畜禽极为理想的优质蛋白质饲料。蚯蚓具有嗜粪的习性，不仅生长快，繁殖倍数高，而且能产生具有较强免疫功能的抗菌肽，抗病力强。其养殖方法简单、投入少成本低，利用蚯蚓生物反应器设备可以进行机械化的规模化养殖。

（一）设计思想

首先将猪场粪污进行固液分离后得到固体残留物（余下物）经高温堆肥灭菌处理（干清粪方式可直接堆肥），然后应用蚯蚓生物反应器进一步制成不同类型的多功能生物有机肥。

（二）工艺流程

为了尽快将城市垃圾转化为肥料，拟采用如下工艺流程：

1. 堆肥预处理工艺流程　见图 5-3。

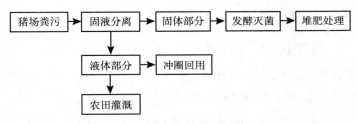

图 5-3　堆肥预处理工艺流程

2. 蚯蚓粪肥工艺流程　见图 5-4。

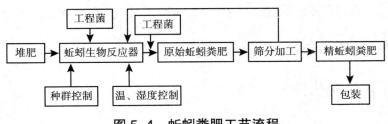

图 5-4　蚯蚓粪肥工艺流程

3. 复合肥生产工艺流程（按用户要求备选）　见图 5-5。

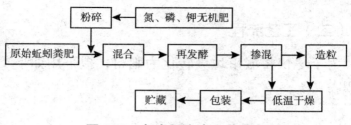

图 5-5　复合肥生产工艺流程

（三）生产方案

1. 生产规模　拟建肥料厂规模为年产 1 万吨，按一年 300 天计算，日生产量为 45 吨。需用 15 个反应器。每个反应器日处理 6 吨有机固废物，日产 4～5 吨有机肥，大约需 20 吨粪污，即年处理 75 万吨以上养殖场粪污。

2. 堆肥场地　采用水泥地面或压实地面堆肥，需2 500 米² 堆肥场。采用人工翻堆方法或机械翻堆方法进行堆肥管理。

3. 厂房和仓储　厂房面积800 米²，仓库面积300 米²。

（四）经济效益分析

1. 费用预算　见表 5-3。

表 5-3　经费预算

项　　目	费用（万元）
试验费	5 万元
蚯蚓粪肥生产	
有棚场地建设费	50 万元

续表 5-3

项　目	费用（万元）
反应器购置费	225 万元（15 台）
蚯蚓购置费	5 万元
车间和库房建设费	10 万元
260 千瓦供电装置	10 万元
1～2 吨/小时锅炉	10 万元
深水井	5 万元
流动资金（用煤、工程菌液、人工费、包装袋、广告等）	100 万元

2. 经济效益分析　见表 5-4。

表 5-4　成本计算 （按 45 吨/日）

成本项目	数量及价格（元/吨）	备　注
垃圾原料	15	
碳/氮调整物	5	
发酵剂	5	
电　耗	35	包括堆肥用翻堆机和通风
煤　耗	7.5	只冬季棚舍加温用
工人工资	13.3	三班，每班 10 人，按 20 元/人计
管理人员工资	3	5 人，按 20 元/人计
其他管理费	10	
设备折旧费	26.0	260 万元×10%（年）
银行利息	20.75	415 万元×5%
包装袋	20	
广告宣传费	20	
合　计	180.55	

按每吨多功能蚯蚓粪肥销售价 600 元计（极保守价格，若制成小包装花肥，每吨市价在 1800 元以上），扣除成本 180.55 元，可获利 419.45 元／吨，年产 1 万吨，可获利 419 万元，1.5 年可收回成本。

六、蚯蚓生物反应器规模产业化分析

（一）大型蚯蚓反应器规模产业化分析

每个标准蚯蚓反应器，日处理有机废弃物 6 吨，同时生产生物肥料 4～5 吨／天。每个生物反应器造价为人民币 10 万～15 万元（不包括厂房）。年产蚯蚓有机肥 1800 吨。按每吨有机肥 1000 元计，年产蚯蚓有机肥 1800 吨，年产值为 180 万元。而每个生物反应器造价为人民币 10 万～15 万元，加上包括厂房、流动资金等投入 15 万～20 万元，总投入 30 万～40 万元。其经济效益和生态效益均是十分可观的。在美国，蚯蚓生物肥料的售价比一般化肥高 2～3 倍。作为一种新型肥料，在我国的市场发展前景广阔。

（二）小型蚯蚓反应器规模产业化分析

小单元，大规模模式：1 户出 1 分地，1 个劳力，用 1000 元钱，建 1 个小型反应器，1 年可收入 1 万元。据初步计算，每年养 100 万条蚯蚓（50～60 米^2），可处理粪便等有机废弃物 40 吨。可生产蚯蚓原液 1 吨。产蚯蚓粪 20 吨。按成本价，每千克蚯蚓液原液按 7.5 元计，可收入 7 500 元。每吨蚯蚓粪按 150 元计可收入 3 000 元，合计 10 500 元。经济效益可观。

　　大规模，产业化模式：企业自己建立大型处理场，或采用企业加农户方式，以实现年产花卉专用有机肥 1 500 吨算，按每吨多功能蚯蚓粪肥销售价 600 元计（保守价格，若制成小包装花肥，每吨市价在 1 800 元以上），扣除成本 180.55 元，可获利 419.45 元/吨，年产 1 500 吨，可获利 63.9 万元。

第六章
蚯蚓采收加工与利用

一、蚯蚓采收及加工技术

获得蚓体，是人工养殖蚯蚓的主要目的之一。因此，适时采收蚓体，是人工养殖蚯蚓的关键。

成蚓的采收时间，与蚯蚓的生长发育有着密切的关系。从蚓茧孵化到蚯蚓性成熟，一般要经过 3 个月左右的时间，这时，环带明显，生长缓慢，饲料利用率降低。如果单单为了收获蚓体，此时即为采收的适宜时期。

成蚓还有不与幼蚓同居习性，当幼蚓大量出蚓茧后，成蚓会自动移居到其他饲料层，或纷纷逃逸。因此，在幼蚓大量孵化之前，及时采收成蚓十分必要。

（一）成蚓的采收蚓体、蚓茧、蚓粪的分离

蚯蚓采收是目前国内外蚯蚓养殖业中尚待进一步解决的技术问题。目前，群众在养殖实践中创造了不少采收办法，大多是根据蚯蚓的生活习性，运用一些物理或化学方法，或驱逐，或诱集，或用简单机械方法挖取与

分离。

1. 诱集采放法 对坑养、沟养、沟后、园林大田养殖及肥堆等养殖的蚯蚓，可在养殖地周围设点堆制新鲜饲料进行诱集。诱集饲料堆如能拌和少量炒熟的饼肥，效果更佳。

2. 翻箱采收法 箱养蚯蚓在采收时，可将大箱放在阳光下晒片刻，蚯蚓由于逃避强光或高温而钻入箱子底层，然后将箱反转扣下，蚯蚓即暴露于外，便于采收。

3. 简易筛选法 用木料做一个长 1.3 米、宽 0.97 米、高 0.18 米的长方形蚯蚓筛，筛孔直径视蚓体大小掌握在 0.5 毫米左右。再做一个长 1.34 米、宽 1 米、高 0.20 米的长方形蚯蚓盒。收取蚯蚓时，将蚯蚓筛套入盒中，并把蚓筛垫起来，便于蚯蚓钻入，可垫高 2.5 厘米左右，随着下钻蚯蚓的增多逐渐加高。

筛取时，把饲料连同蚓体投入蚓筛，用细齿耙耙成厚 5～6 厘米，再用 200 瓦电灯在蚓筛上来回移去，并用细齿耙耙动同时刮掉上层蚓粪，促使蚯蚓下钻。

4. 筐诱采收法 用孔径为 1～4 毫米（或 2～3 毫米）的筛网做成诱集筐，筐内装入蚯蚓喜食的饲料（如香蕉皮、腐熟的水果、西瓜皮、浸有啤酒等含酒精成分的合成树脂、海绵等）。然后将诱集筐埋入饲料床内，在 20℃左右时约 1 周取出，里面会钻进很多蚯蚓。时间短，主要诱集的为大蚓，时间长，小蚓也逐渐云集采食。因此，此法即可进行蚓粪与蚓体的分离，也可进行大、小蚯蚓的分离工作。

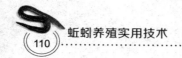
（二）蚓粪的采收

适时采收蚓粪，一是为了获得产品，二是为了清除饲育床上的堆积物，以利于投料和操作，三是为了消除环境污染，有利于蚯蚓的生长发育与繁殖。

蚓粪的采收，多与蚓体采收和投料同时进行，已如上述。这里另补充几个方法。

1. 刮皮除芯法　多与上投饲喂法并用，上投饲喂一段时间之后，表层饲料基本粪化，这是便可采收蚓粪。

采收前，先用上投饲喂法补一次饲料，然后用草帘覆盖，隔 2～3 天后，趁大部分蚯蚓钻到表层新饲料中栖息。取食时，迅速揭开草帘，将表层 15～20 厘米厚的一层新饲料快速刮至两侧，再将中心的粪料除去，然后把有蚯蚓栖息的新饲料铺放原处。除去的粪料也常混有少量蚯蚓，可以采用其他方法分离。如粪料中有大量蚓茧，可置一处孵化，也可摊开 10 厘米厚，使其风干至含水率 40％左右，将蚓粪用孔眼 2～3 毫米的筛子筛出一部分，把筛上物另置一床加水至 60％，继续孵化。

风干的蚓粪可直接利用或用塑料袋包装贮存。

2. 上刮下驱法　当用下投饲喂法后，蚯蚓多被集到下部新饲料中，可用手慢慢逐层由上而下刮除蚓粪，蚯蚓则随着刮粪被光照驱向下部，直到刮至新饲料层为止。刮下的蚓粪，其处理法与刮皮除芯法相同。

（三）活蚓的运输

我国目前养殖蚯蚓，多为自产自用。运输或蚯蚓主要用于引种过程中。

一般来说，短时间运输活蚓，可在容器内装入潮湿的饲料或养殖床上所铺的草料当填充物，然后将蚯蚓放入。长时间运输可用泥炭作填充物，有的用纸浆作填充物，外包以纱布，放入适当大小的容器内。少量的蚯蚓也可装入铁盒或塑料筒内，用小邮包托运或用转运箱邮寄。有的是用类似包装水果的纸板箱，内放潮湿的草料，约容纳2000条蚯蚓。大量的洗蚓运输，有时就在卡车里铺上罩布，在其上铺些潮湿的填充物，然后放入蚯蚓。有的在运输期间保持低温，使蚯蚓处于休眠状态。无论何种运输方式，均应注意保持适宜的湿度和通气条件。运到目的地后要进行检查，除去死蚓和病蚓，并给活蚓提供良好的生态条件。

（四）蚯蚓的干燥和粉碎

收获的成蚓，除直接应用外，有时还要贮存。为了防止腐烂，并提高诱食性，有些蚯蚓还要进行干燥和粉碎。

干燥的方法有烘干、晒干、风干和冷冻干燥等几种。干燥的方式不同，对蛋白质利用率有很大的影响。如在通风干燥法中过快干燥时，饲料投放率明显下降，蛋白质利用率也降低。

干燥后的蚯蚓所制成的蚓粉能长期保存，同时能像鱼

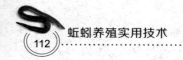

粉一样添加于各种动物的基础饲料中，易于为动物食用。

为了保持新蚯蚓对鱼、猪、鸡的引诱作用，又克服鲜蚯蚓不易粉碎的特点。他们把鲜蚓与配方中一定比例的麸皮混合，经颗粒机挤出，蚯蚓预混料晾干后与蚓粪一起按优化饲料配方比例加入各种饲料，若新蚓经沸水处理后，晾开，粉碎的蚯蚓粉往往破坏了某些特殊蛋白质，失去了对动物诱食的特性。

（五）蚓粪的处理

蚓粪处理包括干燥、过筛、包装、贮存、运输等。干燥又分为自然风干和人工风干燥两种。为了降低成本，宜多采用自然风干为佳。人工干燥速度快，并能杀死一种特别的土壤细菌。在干燥时，除在生有霉菌的情况下，没有必要达到完全无水的程度。在美国，蚓粪中还混入砂和某些动物粪、泥炭等其他肥料。蚓粪的包装，以从蚓床上采收后 1～25 天比较适当（依含水量不同，每立方米重 400～600 千克）。多封存于印有商标的塑料袋内，然后运往各地销售。在自产自用的情况下，蚓粪可边采收，边直接利用。

二、蚯蚓（粪）的营养价值

蚯蚓用作饲料由来已久。很早以前，我国民间就有用蚯蚓喂鱼、喂鸭的传统习惯。但大规模地人工养殖蚯蚓，把蚯蚓作为优良蛋白饲料，用以代替鱼粉、豆饼一类传统饲料推广应用，则是近几十年的事情。20世纪80年代以来，随着人民生活水平的提高，居民的膳食结构发生了很大变化，对肉、蛋、奶、鱼、虾等的需求量越来越大。各种养殖业包括特种动物养殖业的迅速发展，对鱼粉、豆饼等各种植物蛋白饲料需求量增大。由于环境污染，加上对鱼类盲目捕捞，海鱼产量逐年下降，引起鱼粉等动物性蛋白饲料严重不足。据估计，我国每年有35%～40%鱼粉需进口。因此，这类饲料价格大幅度上升，而且供不应求，直接影响了养殖业的发展。开发新的饲料蛋白源是亟待解决的问题。世界蚯蚓养殖先进国家正向工业化生产阶段发展。在美国年产20亿条蚯蚓的养殖企业达50多个。日本有规格不等的蚯蚓养殖公司和养殖场200多个。养殖蚯蚓以开辟饲料动物蛋白源非常符合我国国情。特别是在水产养殖业中，由于鱼粉用量大、养殖成本大幅提高，致使许多养殖单位和养殖户难以承受。开展蚯蚓综合养殖利用是解决动物蛋白饲料来源缺乏的重要途径之一。

蚯蚓含有丰富的营养成分，其蛋白质含量稍低于秘鲁鱼粉，而高于国产鱼粉、饲料酵母、豆饼，是玉米蛋白质含量的6倍；脂肪含量较高，每千克代谢能接近12.6千焦，仅次于玉米，而高于秘鲁鱼粉、豆饼和饲料酵母；其他如钙、磷的含量也很高。蚯蚓粪营养价值也较高，除含氮、磷、钾、镁以外，还含有钼、硼、锰等微量元素，完全可以用它代替部分麸皮，饲喂畜禽，能促进畜禽的生长，有利于解决饲料不足，使饲料成本大幅度降低。

三、蚯蚓粪的性质与有机肥利用

在人类未来到地球之前，蚯蚓已耕耘了地球亿万年。自然界的各种有机废弃物经发酵后，在蚯蚓消化系统蛋白酶、脂肪酶、纤维酶和淀粉酶的作用下，迅速分解，转化成为自身或易于其他生物利用的营养物质，经排泄后成为蚯蚓粪。蚯蚓处理废弃物后主要生化指标的变化见表6-1。蚯蚓粪从本质上讲是大自然的产物，真正能全面地满足植物生长的各种需求和营养成分，对植物有难以置信的神奇肥效。蚯蚓粪在任何浓度下，即使是非常娇贵的种子或者是花坛植物都不会因过量而烧苗。生物学家达尔文曾说"除了蚯蚓粪粒之外没有沃土"。1981年5月5日在《北京日报》发表署名"石力"的文章，称蚯蚓粪为"有机肥之王（肥王）"。

表 6-1　废弃物经蚯蚓处理后主要生化指标变化

废弃物类型	生物学指标		化学指标					物理指标	
	微生物（个/米³）	大肠菌群数值	速效氮（%）	速效磷（%）	速效钾（%）	微量元素（毫克/千克）	有机质（%）	含水量（%）	pH值
生活垃圾	6.2×10^8	25	1.10	0.18	0.85	183	32	72	6.9
牛粪	5.6×10^8	12	1.35	0.35	0.65	176	17	70	7.2
猪粪	5.4×10^8	38	2.01	0.47	1.21	265	19	65	7.4
禽粪	6.4×10^8	54	2.40	0.29	0.94	243	18	56	7.9
污泥	6.7×10^8	68	1.73	0.16	0.86	549	26	85	6.8

（一）蚯蚓粪的成分

蚯蚓粪的成分因季节和原材料配比的不同略有差异，但养分齐全，肥效显著，充分体现了蚯蚓粪的功效和特性。

1. 肥效测定　见表 6-2。

表 6-2　蚯蚓粪类效成含量

项　目	含　量	项　目	含　量
全氮	0.95%～2.5%	全磷	1.1%～2.9%
全钾	0.96%～2.2%	有机质	25%～38%
腐殖质	21%～40%	有益菌群	2000 万个/克～2 亿个/克
pH 值	6.8～7.1		

2. 营养成分（风干）　见表 6-3。

表 6-3　蚯蚓粪营养成分含量（风干）

项　目	含　量	项　目	含　量
吸附水	4.60%～5.2%	粗脂肪	0.59%～0.65%
粗纤维	5.10%～6.2%	粗蛋白质	5.10%～21.7%
粗灰分	70.8%～73.55%	无氮浸出物	12.15%～13.95%
钙	3.60%～4.2%	磷	0.3%～0.4%

主要特点是粗灰分含量高，粗蛋白含量远高于禾本科秸秆，而接近或超过豆科秸秆，是畜禽的良好饲料之一。

3. 微量元素含量　见表 6-4。

表 6-4　蚯蚓粪微量元素含量 （微克／克）

项　目	含　量	项　目	含　量
铁（Fe）	3 100～3 200	锰（Mn）	210～250
锌（Zn）	2.5～3.1	铜（Cu）	20.1～21.1
镁（Mg）	8 400～8 530		

4. 氨基酸含量　蚯蚓粪所含氨基酸种类在 16～18 种之间，风干物中的含量见表 6-5。

表 6-5　蚯蚓粪氨基酸含量（风干）（％）

项　目	含　量	项　目	含　量
天门冬氨酸	0.50～0.60	苏氨酸	0.20～0.35
丝氨酸	0.30～0.51	谷氨酸	0.40～0.65
甘氨酸	0.10～0.20	丙氨酸	0.35～0.75
缬氨酸	0.30～0.40	蛋氨酸	0.10～0.15
异亮氨酸	0.15～0.18	亮氨酸	0.25～0.33
酪氨酸	0.10～0.15	苯丙氨酸	0.20～0.25
赖氨酸	0.18～0.23	组氨酸	0.00～0.10
脯氨酸	0.16～0.19	胱氨酸	0.00～0.12
色氨酸	0.20～0.23	精氨酸	0.11～0.16

5. 微生物含量　蚯蚓饲料采用 EM 菌液发酵，经蚯蚓体内砂囊磨碎后，其表面面积大大增加，便于微生物对其快速转化，在整个消化过程中，微生物与蚯蚓相互依存，互相促进，既利于蚯蚓吸收营养，又利于有益微

生物的迅速增加。有研究表明，蚯蚓粪中的微生物总量甚至会超过进入蚯蚓体时的数量。经检测，蚯蚓粪有益微生物含量在 0.2 亿～2 亿个 / 克之间。

6. 拮抗微生物　经检测，蚯蚓粪中正常情况下含有至少两株拮抗微生物（球孢链霉菌和丁香苷链霉菌），对土传真菌植物病害有一定的控制作用。

（二）蚯蚓粪有机肥的特点

1. 蚯蚓粪抑制植物土传病害的机理　经发酵后的有机质，含有大量的微生物，这些微生物经蚯蚓消化后，其有益菌的数量成倍增加，而营养依赖型病原菌受到控制。蚯蚓粪施入土壤后，迅速对土壤中有机营养物质的活性进行调控，一些病原菌的繁殖体由于得不到足够的营养而不能生长繁殖，从而抑制病原菌对寄主植物根系的伤害。

蚯蚓粪抑制土传病害的另一方面体现在蚯蚓粪中含有一定数量的拮抗微生物，其中经检测和鉴定的有球孢链霉菌和丁香苷链霉菌。链霉菌能产生抗生素及其他次生代谢物，并利用可溶性有机质产生胞外水能酶，通过渗入介质中的菌丝将所分泌的水解酶集结为很高的浓度，使其在土壤中具有很强的竞争力，从而抑制其他病害菌的繁殖，减少植物土传病害的发生。

2. 蚯蚓粪微生物作用机理　国内外有多家研究机构对蚯蚓粪微生物的作用机理进行了多年研究，取得了大量的研究成果，归纳起来主要有以下 5 个方面的机理：

一是通过有益微生物的生命活动，固定转化空气中不能利用的分子态氮为化合态氮，解析土壤中不能利用的化合态磷和钾为可利用态的磷和钾，并可解析土壤中的10多种中、微量元素。二是通过有益微生物的生命活动，分泌生长素、细胞分裂素、赤霉素、吲哚酸等植物激素，促进作物生长，调控作物代谢，生产优质产品。三是通过有益微生物在根际大量繁殖，产生大量黏多糖，与植物分泌的黏液及矿物胶体、有机胶体相结合，形成土壤团粒结构，增进土壤贮肥、保水能力。四是蚯蚓粪中的大量微生物增加了土壤中的微生物数量和活性，增强了病土中与病原菌进行营养和能源竞争的微生物的竞争力，限制了病原菌繁殖潜力的充分发挥。五是蚯蚓粪中的有益微生物还能产生拮抗活性强、抗菌谱广的抗生素，限制病原菌的生长，使植物土传病害得到抑制。

3. 蚯蚓粪腐殖酸的作用机理　腐殖酸的主要元素有碳、氢、氧、氮、硫，是一种多价酚型芳香族化合物与氮化合物的缩聚物，分子量分布较宽，为几万至几百万之间。结构组成相当复杂，含有酚羟基、羟基、醇羟基、醌羟基、烯醇基、磺酸基、甲氧基等多种功能团。各组成间通过键合、氢键、吸附等化学、物理作用纠结在一起。由于这些活性基因的存在，决定了腐殖酸性的酸性、亲水性、离子交换性、络合性和较高的吸附能力、缓冲、催化力。腐殖酸具有的生物活性和特殊的结构性能，对植物酶类物质活动和呼吸作用有很大影响，可提高植物的抗病和抗逆能力；有利于改良土壤理化性质，改善团粒结构；抑制、缓解大量使用化肥造成的土壤板结；促进土壤微生物的活动和繁殖；分解土壤中的有机物，为植物提供养分。

4. 蚯蚓粪有机肥与普通有机肥根本区别

（1）普通有机肥因未完全发酵，存在施用后二次发酵而导致烧苗的问题，而且有异味，甚至异臭，而蚯蚓粪不存在这些问题。

（2）普通有机肥未把各种养分全部转化成简单、易溶于水的简单物质，不易被植物摄取，而蚯蚓粪极易被植物吸收。

（3）蚯蚓粪是坚固的团粒结物，保水性、排水性强，长期使用不会分散压密，这是普通有机肥无法办到的。

（4）蚯蚓粪富含腐殖酸和大量的有益微生物菌、18种氨基酸和多种微量元素，而这些在普通有机肥中含量都很少。

（5）蚯蚓粪中含拮抗微生物，可抑制土传病害，而普通有机肥不存在这种微生物，这是与普通有机肥的根本区别。

综上所述，施用蚯蚓粪有机肥可改变土壤物理性能，使黏土疏松，使沙土凝结；可促使土壤空气流通，加速微生物繁殖，有利于植物吸收养分；可增强保水、保肥性，防止土壤流失；能吸着盐基成分起交换作用，防止过量化肥的施用带来的危害；能分解土壤中的矿物贡，供植物利用；与其他化学肥料混合使用，肥效长久；对植物、人、畜无害，还可以增强植物对病虫害的抵抗力，抑

制植物土传病害，改善作物品质，恢复作物的自然风味。

（三）蚯蚓粪的应用

蚯蚓粪质轻、粒细均匀，无异味，干净卫生，保水保肥，营养全面，结构及功能特殊，可全面应用于各种植物，甚至可应用于名贵鱼虾的养殖。由于蚯蚓粪价格相对较高，而且数量有限，目前的主要应用范围有：虾塘、鱼塘育肥、有机茶种植、有机水果与蔬菜种植、花圃、花卉营养土或追肥、草坪卷营养土或追肥、土壤改良介质、高尔夫球场、足球场营养土或追肥、家庭盆花、温室花卉、高档花卉栽培基质、名贵细小种子培养基、无土栽培基质、轻型屋顶花园、新栽培或新移植的树木、灌木促生营养土等。

蚯蚓粪的使用方法如下：

（1）在花盆中按1：3（1份蚯蚓粪3份园土）的比例拌入蚯蚓粪后种花，1～2年内不需追施任何肥料，也无须翻盆换土。或每2～3个月在盆土表面轻轻拌入1～2杯（约100克）蚯蚓粪。

（2）每个蔬菜坑放半杯蚯蚓粪或1～2个月施1次（每棵半杯）。

（3）作为配方营养土，一般按1份蚯蚓粪3份土壤的混合比例使用。

（4）新栽培或新移植的树木、灌木，可按1份蚯蚓粪3份园土的比例混合遍施坑内，再把植物植入坑内，覆土浇水即可。

（5）新草坪以每平方米 0.5～1 千克蚯蚓粪轻轻施入表皮土壤，然后用碎稻草覆盖好已点进草坪种的土壤，并保持其湿度。

（6）球场、运动场草坪：以每平方米 0.2 千克蚯蚓粪均匀散施在草坪表层即可。

（7）果实、花或生病的盆栽植物：把 1 份蚯蚓粪浸泡在 3 份水中保持 24 小时以上制成混合物（茶水），施于植物、果实或花的表面。

（8）茶叶种植：每 2～3 个月每棵施 200～300 克于根部，覆土即可。

（9）一般经济作物，每亩每茬施用 100～200 千克，并建议 70% 作基肥，30% 作追肥，同时可按 1∶1～3 的比例相应减少化肥的用量，施用 2 年以后，可进一步降低化肥施用量。果树的用量可提高到 200～300 千克 / 亩·年。花卉可降到 100 千克 / 亩·年左右。其他作物的用量可根据地力（肥沃）情况适当增减。

四、蚯蚓（粪）优化饲料配方及在养殖上的应用

蚯蚓是一种优良的动物性蛋白质饲料。国内外不少饲料厂应用蚯蚓粉作为动物的配合饲料，并报道用以养鸡、养猪、养水貂等取得了良好的效果。蚯蚓粪作为饲料用于养殖业，除报道可用于养鱼外，用于鸡、猪饲料中的不多。为了探索蚯蚓（粪）喂猪、鸡、鱼的效果，摸清适宜的添加比例。笔者在山东莱阳沐浴水库用生长

肥育猪、蛋鸡、肉鸡、罗非鱼分批进行了试验研究。筛选出相对应的优化饲料配方（表6-6）。现将试验结果简述如下：

表6-6　蚯蚓（粪）饲喂猪肉、鸡、鱼试验结果简表

动物	组别	平均初重（千克）	平均终重（千克）	增重（千克）	消耗饲料（千克）	料肉比	单位增重饲料成本（元/千克）	备注
肥育猪	蚯蚓组	22.16	87.8	65.64	556.2	3.23	0.71	头
	对照组	21.84	80.82	58.94	449.8	3.44	1.2	
肉鸡	蚯蚓组	0.062	1.56	1.49	3.12	2.09	1.42	只
	对照组	0.061	1.45	1.39	3.58	2.57	2.57	
罗非鱼（网箱）	蚯蚓组	899	5643	4744	9146.5	1.93	1.78	箱
	对照组	948	4328	3290	8335	2.53	3.16	

（一）蚯蚓（粪）喂生长肥育猪试验

选用30头约克夏×烟台黑同父异母杂交仔猪，蚯蚓组料用2.5%蚯蚓代替对照组2.5%鱼粉。有15%（前期）和20%（后期）蚓粪替代相应能量饲料，经118天试验，日增重较对照组提高10.2%，料重比降低6%，每千克饲料价格较对照组降低0.49元，饲料成本降低41%。

（二）蚯蚓（粪）喂肉鸡试验

选用5日龄AA商品代雏鸡500只。蚯蚓组料含

12%蚯蚓、6%蚓粪，对照组含11%鱼粉，经52天试验，全期只均增重，蚯蚓组为1.49千克，比鱼粉组高7.2%，料肉比较鱼粉组下降18.7%，差异极显（P＜0.01），每千克增重降低饲料成本1.15元。

（三）蚯蚓（粪）喂罗非鱼试验

采用5米×4米×2米封闭式六面体网箱9个，用15%蚯蚓代替15%鱼粉，15%蚓粪代替15%的麸皮的优化配方料水库网箱养罗非鱼，与15%鱼粉料配方组比较其增重效果，结果表明，试验组每平方米产鱼141千克，折合亩产为94 097千克，比对照组70 668.5千克/亩，增产23 438.5千克/亩，增产33%，饲料系数试验组平均为1.93,（最好的一箱为1.72）较对照组2.53低0.6，每千克鱼饲料成本试验组为1.78元，对照组为3.16元，试验组比对照组降低饲料成本43.1%，经济效益十分显著。

（四）蚯蚓（粪）喂蛋鸡试验

采用京白Ⅲ系商品蛋鸡1 200只，对21～43周龄产蛋鸡饲喂蚯蚓料（5%～6%蚯蚓粉代替5%～5.7%鱼粉）与鱼粉料和无鱼粉料比较。结果无鱼粉组、鱼粉组、蚯蚓组300日龄产蛋量分别为100、112、126枚。蚯蚓组比鱼粉组提高11%，比无鱼粉组提高21%。无鱼粉、鱼粉组、蚯蚓组的累计耗料和料蛋比，分别为16.2、15.8、16.99千克和2.93、2.52、2.36。千克料饲料成本，分别为0.66、0.81、0.55元，每生产千克蛋所需饲料成本分别为 1.93、2.04 和 1.3 元，蚯蚓组比无鱼粉组、鱼粉组分别降低 0.63 和 0.74 元。

综上所述，人工养殖蚯蚓，成本低，不争良田，不与其他畜禽争饲料，而且管理方法简易，室内外均可养殖，养蚯蚓用的饲料是人类废弃的、取之不尽的有机废弃物，在配合饲料中，添加一定量的蚯蚓（粪）既可作为全价饲料或补充饲料的动物性蛋白源，其又是某些动物（鱼、猪）极佳的促摄食物质。从而提高了畜、禽、鱼的适口性、摄食强度和饲料利用率，大大提高了动物生产率。蚯蚓粪直接作为饲料成分用于动物养殖不多。以往的研究多用作肥料，用于农作物、蔬菜、花卉等。根据他们对蚯蚓粪营养成分分析和用作饲料的试验证明，蚯蚓粪完全可以替代麸皮等饲粮。另外蚓粪中含有某些未知的促摄食物质，用于养鱼、养猪效果特明显。蚯蚓的综合开发利用大有前途。

蚯蚓粪可作药用，在《本草纲目》中就有记载："蚯蚓粪又称蚯蚓泥、六一泥，性味寒酸无毒，有泄热、利小便之奇效。"现行的中医方剂大全中有多个处方用到蚯蚓粪。蚯蚓粪用于虾塘、鱼塘育肥时，亩施 100～300 千克。蚯蚓粪用于鱼、虾配合饲料，可按总饲料量的 5%～30% 添加。

需要注意的是，蚯蚓是禽类某些寄生虫的中间宿主。通常在解剖蚯蚓并进行仔细观察的时候，还能在它的体腔里发现某些寄生虫。在蚯蚓的身体里，常可见到的寄生虫有原生动物门的簇虫类，扁形动物门的吸虫类和绦虫类，圆形动物门的线虫类，以及节肢动物门昆虫纲的一些幼虫。虽然除昆虫纲的幼虫以外，大部分寄生虫对蚯蚓的危害不很明显，但蚯蚓会因此而成为传播有关家畜和家禽某些疾病的中间宿主，因为这些病原体暂时停留和贮存在蚯蚓的身体里，等到蚯蚓一旦被家畜和家禽吞入，这些寄生虫就由蚯蚓体内转移到家畜和家禽的体内寄生，因此我们称蚯蚓为这些寄生虫的保虫宿主、贮存宿主或搬运宿主，称这些家畜和家禽为终宿主。通过先寄生在蚯蚓体内的这一环节，使寄生虫得以完成它们的生活周期，从卵、幼虫生长发育为成虫。因为寄生虫的危害，会损害家畜和家禽的健康，甚至引起死亡，因此在用蚯蚓作为饲料喂养家畜和家禽之前，首先要将蚯蚓放在沸水中煮开，把它体内的寄生虫杀死，然后切碎，才能用作饲料，这样就能杜绝因为饲喂蚯蚓而引起家畜和家禽寄生虫病。根据寄生虫生活史的特点，严格掌握几个环节，加以控制和杀灭，是能确保养殖蚯蚓的健康和安全的：①对家畜和家禽的粪便要进行严格处理，一般经过堆肥的充足发酵，利用高温能将寄生虫的卵杀死，能做到不让蚯蚓吞食含有寄生虫卵的饲料。②人工饲养蚯蚓的场所要远离猪场和鸡场，避免蚯蚓爬到猪场和鸡场的四周，直接吃进带有寄生虫卵的阳性猪粪或禽粪。③对猪场、鸡场和蚯蚓的饲养床要定期检疫并采取灭虫措施，防治寄生虫病要做到治早、治小、治了。

五、蚯蚓全产业链综合开发

利用蚯蚓的生命活动来处理农业有机废物仅仅是全产业链的开始，蚯蚓直接做饲料（饵料），蚓粪直接做有机肥或有机肥原料是蚯蚓产业链上的初级产品。蚯蚓（粪）的深度开发高值化产品近几年发展很快。中国农业大学创建并推广了蚯蚓全产业链综合开发技术项目。该项目包括以农业废弃物（秸秆和畜禽粪便）为主要原料的蚯蚓高产养殖技术、蚯蚓氨基酸及螯合产品（蚯蚓氨基酸叶面肥、药肥）等系列高值化农用产品及配套生产技术，构成了农业有机废弃物转化成高价值的生化产品系列。2002 年，该技术作为"省校合作项目"落地云南以来，已在全国 16 个省份推广应用。该技术系列内容和效益概述如下：

（1）建立蚯蚓养殖基地。建蚯蚓养殖中心场 10 亩规模，带动 500 户农民搞蚯蚓养殖（基地＋农户）。

（2）利用蚯蚓粪开发出活性有机花肥，用鲜蚯蚓开发出烟草、蔬菜、茶叶、花卉、水稻、玉米、牧草等作物专用叶面肥。

（3）建成生化制剂生产基地。建设 300 米^2 面积的系列蚯蚓氨基酸农用制剂生产车间，日产系列蚯蚓氨基酸农用制剂 2.2 吨、蚓粪有机肥 5 吨。产品销售价格按蚓粪有机肥 600 元 / 吨，蚯蚓肥精 10 000 元 / 吨，蚯蚓氨基酸叶面肥 15 000 元 / 吨，氨基酸农药 18 000 元 / 吨。按销售蚓粪有机肥 1 500 吨／年，蚯蚓肥精 150 吨／年，蚯蚓氨基酸叶面肥 360 吨／年，氨基酸农药 150 吨／年计算，全年销售收入（产值）为 1 050 万元。利税总额达 572.6 万元。上缴国家税收 286.12 万元，企业净利润 286.48 万元。